Manfred Pohl

Die Urknallhypothese, ein Hindernis für die kosmologische Forschung

Der Irrglaube vom Anfang und vom Ende des Universums

Es ist schwieriger, eine vorgefaßte
Meinung zu zertrümmern als ein Atom.

Albert Einstein

Dr. Manfred Pohl

Die Urknallhypothese, ein Hindernis für die kosmologische Forschung

Der Irrglaube vom Anfang und vom Ende des Universums

Bibliografische Information der Deutschen Nationalbibliothek:
Die Deutsche Nationalbibliothek verzeichnet diese Publikation in der Deutschen Nationalbibliografie; detaillierte bibliografische Daten sind im Internet über http://dnb.ddb.de abrufbar.

ISBN 978-3-86870-353-5

Umschlagillustration: complize / photocase.com

www.rediroma-verlag.de
14,95 Euro (D)

Mein besonderer Dank gilt Herrn
lic. theol./dipl. rer. nat. Felix Sachs
aus St. Gallen, Schweiz,
für die hilfreichen Vorschläge zur
Erarbeitung des Buches.

Dr. Manfred Pohl

Vorwort

In meinem Buch *Wissenschaft, Religion und Politik*, das im Januar 2011 erschienen ist, hatte ich einige Widersprüche aufgedeckt, mit denen die Beziehungen zwischen Wissenschaft und Religion einerseits und Wissenschaft und Politik andererseits belastet sind. Dabei habe ich auch die Auffassungen über die Bewegungen der kosmischen Objekte im Universum erörtert, die nach dem Willen der katholischen Kirchenführung durch einen Urknall ausgelöst worden sein sollen. Ansatzweise habe ich dort eine andere Auffassung geäußert.

Diese alternative Theorie wird im vorliegenden Buch das Hauptthema sein. Dabei wird gezeigt, daß die Urknallhypothese die meisten kosmischen Bewegungen nicht sinnvoll erklären kann. Das hat mich zu der Überzeugung geführt, daß sie im Grundsatz nicht aufrechtzuerhalten ist. Viele anerkannte Wissenschaftler der Welt haben zur Urknalltheorie eine kritische Haltung eingenommen. Die Kritik allein ist aber nur ein Teil der Problematik. Was bis heute fehlt, ist eine brauchbare, allgemeinverständliche Antithese, mit der die vielen Unbegreiflichkeiten der Urknalltheorie aufgelöst und durch eine sinnvolle Erklärung ersetzt werden können, die frei von Spekulationen im transzendenten Bereich ist, frei von unrealistischen Denkmodellen, die stets nur das Ziel verfolgen, mit möglichst trickreichen und meist unverständlichen Erfindungen die Fehler dieser Theorie zu verdecken und so die Urknallthese am Leben zu erhalten. Gewisse klerikale Kreise haben freilich ein starkes Motiv, mit eigenen Forschungen und auch mit der Einflußnahme auf die Verteilung der Forschungsmittel die Unterstützung der Kosmologen, Astronomen und Astrophysiker zur Erhaltung der Urknalltheorie zu erlangen, ist sie doch ihrer Ansicht nach die beste Beschreibung der Schöpfungsidee, einer der tragenden Säulen der katholischen Lehre. Die Wissenschaft wäre aber nicht gut beraten, ihre Unabhängigkeit sowie ihre Gedankenfreiheit aufzugeben, unabänderlich den Forderungen dieser Kreise mit Unterwürfigkeit zu begegnen, und sich in den Dienst einer Glaubensdoktrin zu stellen.

Trotz der hohen Komplexität des Themas richtet sich das Buch nicht nur an Wissenschaftler. Durch eingefügte Erklärungen verschiedener Grundlagendetails soll das Buch auch für jene Leser verständlich sein, die keine umfassenden Einblicke in die Tiefen der Physik und der Mathematik haben, aber sich dennoch mit Interesse den Problemen der kosmischen Materiebewegungen zuwenden möchten. Solche Detailbeschreibungen, die immer mit einer Doppelfrage überschrieben sind und mit einer Zeichenkette aus * und + enden, können von den Fachleuten auch übersprungen werden. In ihnen versuche ich, die verwendeten naturwissenschaftlichen Grundlagen allgemeinverständlich zu erklären.

Etwas schwieriger ist es, mit den für das Thema unumgänglichen Erkenntnissen der Speziellen und der Allgemeinen Relativitätstheorie umzugehen, die für viele Menschen schwer zu erfassen sind, weil sie sich nicht in unsere auf den täglichen Erfahrungen beruhenden Denkvorgänge einordnen lassen und ohne mathematischen Apparat nur schwer behandelt werden können. Hierbei sollen einige Anhänge helfen, in denen ich Grundkenntnisse aus verschiedenen Quellen zusammengetragen, bearbeitet und unvermeidbare mathematische Ableitungen möglichst einfach gehalten habe.

Beelitz im Mai 2011

Manfred Pohl

Inhalt:

Einleitung

Die Menschen haben sicher ganz unterschiedliche Beziehungen zu den Erkenntnissen der Naturwissenschaften. Einige haben daran ein größeres Interesse, andere sind weniger daran interessiert. Die Lebensumstände, die Erziehung, die Berufe, die persönlichen Neigungen der Menschen sind ja sehr verschieden. Ganz sicher sind aber alle Menschen mehr oder minder an den Ergebnissen beteiligt, weil es in unserer Zeit kaum einen Lebensbereich gibt, in dem nicht die Auswirkungen und die Errungenschaften der verschiedenen Wissenschaften genutzt werden. Viele haben auch Zweifel an den Errungenschaften der Naturwissenschaft und Technik. Immer wieder entstehen ganz prinzipielle Fragen. Wissen wir schon genug über die Natur? Ist es denn alles richtig, was man zu wissen vorgibt? Ist die Wissenschaft frei von Irrtümern? Könnte manches vielleicht auch ganz anders sein? Und auch solche Fragen: Urteilt die Wissenschaft immer objektiv, wird sie nicht allzuoft von politischen und gesellschaftlichen Interessen einzelner Gruppen beeinflußt, sogar gesteuert? Ist die Wissenschaft unabhängig? Sind wissenschaftliche Forschungsergebnisse immer nützlich?

Ich hatte ähnliche Fragen schon in meinem Buch *Wissenschaft, Religion und Politik* gestellt. In diesem neueren Buch stelle ich erneut solche Fragen. Jedoch sollen sie hier unter einen anderen Blickwinkel gestellt werden – unter den Blickwinkel der gegenwärtig vertretenen Theorien zur Bewegung der kosmischen Objekte. Insbesondere in dieser Wissenschaft, der Kosmologie, muß man die obigen Fragen ganz deutlich stellen. Das meiste in der gegenwärtig vertretenen Standardtheorie, der Urknalltheorie, ist völlig unbewiesen, zum Teil auch gar nicht beweisbar, und es erweist sich an vielen Stellen als exzessive, wissenschaftsferne Spekulation. Eine große Zahl an Beobachtungsergebnissen durch Astronomen und Astrophysiker ist mit der Urknalltheorie nicht erklärbar und läßt deshalb verstärkt Zweifel an ihrer Richtigkeit aufkommen. Trotz umfangreicher Kritiken von vielen Seiten und aus unterschiedlichen Wissenschaften wird hartnäckig an dieser Theorie festgehalten. Wo sind dafür die Ursachen? Liegen sie etwa darin, daß keine alternative Theorie vorhanden ist, mit der weniger unerklärbare Probleme auftreten? Zugegeben, es ist in der Kosmologie sehr schwierig, eindeutige Beweise für eine Theorie zu erhalten. Es gibt auch sehr viele Fragen, zu denen ein brauchbarer Lösungsansatz gänzlich fehlt. Das mag auch ein Grund dafür sein, daß in der Kosmologie für Scharlatanerie und zügellose Scheinwissenschaft ein weites Feld offen ist.

Immer wieder stellen wir die Frage nach der absoluten Wahrheit. Insbesondere in der Kosmologie gilt mit großer Klarheit: Niemand kann die Frage beantworten, es gibt sie nicht, die absolute Wahrheit. Wir Menschen können uns mit der Hilfe unseres Verstandes, mit unserem Denkvermögen, und auch mit den zahllosen Möglichkeiten, die schon geschaffen sind, viele Prozesse und Tatsachen erklären. Wir können prüfen, messen, berechnen und aus bereits Bekanntem neue Resultate erbringen, die alle dazu beitragen, noch weiter voranzukommen und immer kompliziertere Fragen zu lösen. Aber wie viele wir auch beantworten, ebenso viele werden unbeantwortet bleiben, ja, viele neue Fragen entstehen erst durch die beantworteten. In der Kosmologie aber gibt es im Gegensatz zu anderen Wissenschaften eine Besonderheit: Viele dieser neuen Fragen werden durch einzelne Wissenschaftseinrichtungen sowie durch politische und durch religiöse Kräfte unterdrückt, ihre Erforschung und Beantwortung ist nicht erwünscht. Auch dafür gibt es Ursachen, die ich aufzufinden versuche.

Natürlich gibt es zu vielen naturwissenschaftlichen Fragen gesicherte Kenntnisse, die in unserer modernen Zeit von allen Menschen getragen werden, an denen niemand mehr Zweifel hat. Sie haben sich im Kampf der Widersprüche behaupten können und sind Allgemeingut des Wissens der Menschheit geworden. Aber zu vielen Fragen ist der Kampf noch nicht beendet. Ganz besonders in der Kosmologie ist das Reich der Spekulationen enorm umfangreich, gehen die Meinungen oft sehr weit auseinander. In dieser Wissenschaft gibt es deshalb auch viele Vertreter, die sich der grenzenlosen Spinnerei und der ungezähmten Profilierungssucht verschrieben haben. Vieles davon erkennt man recht schnell als Wichtigtuerei, einige Fehlhaltungen werden aber auch von einem großen Personenkreis, darunter sind auch viele Wissenschaftler, mit erstaunlichem Ernst behandelt, obwohl an ihrer Untauglichkeit längst keine Zweifel mehr bestehen.

Auch solche Auffassungen will ich in diesem Buch aufspüren und mit etwas Bodenständigkeit versuchen, sie auf die Basis des Vernünftigen stellen. Dabei kann durchaus anschaulich gemacht werden, welche Haltungen den Fortgang der Forschungsarbeiten fördern und welche eine zielstrebige Weiterentwicklung der Kosmologie als wirkliche Wissenschaft behindern.

Ich bin der Überzeugung, daß alle Erscheinungen der uns umgebenden Welt eine ganz natürliche, bisweilen sogar recht einfache Erklärung haben, auch wenn am Anfang der Beobachtung einer Erscheinung wegen noch fehlender Tiefenkenntnisse mystische Verklärungen die Oberhand haben. Ich erinnere mich an eine kosmische Beobachtung aus dem Jahre 1967, als man ein Objekt entdeckt hatte, von dem man in Abständen einiger Sekunden elektromagnetische Impulse empfing, die mit einer unglaublichen Genauigkeit immer dieselben Abstände hatten. Schnell etablierten sich in den verschiedensten Kreisen Gerüchte, denen auch ich als junger Mann mit Interesse für Astronomie erlegen war: Nur intelligentes Leben könne etwas mit einer so spektakulären Genauigkeit herbeiführen. Die Spekulationen überschlugen sich: So lange schon suchen wir nach anderer Intelligenz im Kosmos, jetzt ist sie da! Auch sie sucht uns! Weiß sie schon etwas über uns, hat sie schon Signale von uns? Will sie uns auf diese Weise ihr Zeitnormal mitteilen? Können wir eine Verbindung zu ihr aufbauen? Wie weit weg ist sie? Können wir sie erreichen? Wie wird sie sein, wie wird sie aussehen? Sehr ernüchternd, fast enttäuschend dann nach Monaten eine karge Pressemitteilung: Jocelyn Bell (geb. 1943 in Belfast) und Antony Hewish (geb. 1924 in Fowey, Cornwall) hatten erstmals in der Geschichte einen Pulsar entdeckt. Später erhielt er die Bezeichnung PSR B1919+21. Thomas Gold (1920-2004) erklärte einen Pulsar als einen kollabierten Neutronenstern mit einer enorm hohen Massendichte, sehr klein und aus diesem Grund überaus schnell rotierend. Eine Divergenz zwischen der Rotationsachse und der Symmetrieachse des Magnetfeldes führt zu asymmetrischen Abstrahlungen, meist im Radiowellenbereich, die bei jeder Umdrehung ein Maximum erzeugen.

Natürlich ist vieles in diesem Buch eine Frage des eigenen Weltbildes. Deshalb wird auch dieses Buch streitbar sein, und es wird mehr Fragen aufwerfen als klären. Es wird auch Gegner geben. Widerspruch gibt es ganz sicher aus den Reihen der Kirche. Die Unterschiede zu den Auffassungen der Kirche akzeptiere ich, sie sind mir verständlich. Aber sicher kann man einigen sehr irrealen Phantastereien logisch schlüssige Hypothesen entgegenstellen, mit denen man viele Hirngespinste entkräften kann. Auch das soll mit diesem Buch versucht werden.

In diesem Buch werde ich mein eigenes materialistisches Weltbild nicht leugnen. Aber ich habe keine Probleme beim toleranten Umgang mit anderen Auffassungen. Das Weltbild eines Menschen fußt auf seinem Denken, und das Denken kann man nicht administrieren. Nur durch Argumentieren, durch Überzeugen und auch durch Beweisen kann man andere Haltungen verbreiten, ihnen Geltung geben. So hege ich auch keine Verweigerung zur sachlichen Diskussion mit Vertretern anderer Ansichten. Sie können fruchtbringend und bereichernd sein.

1. Wie alles anfing

Wenige sind imstande, von den Vorurteilen der Umgebung abweichende Meinungen gelassen auszusprechen; die meisten sind sogar unfähig, überhaupt zu solchen Meinungen zu gelangen.
Albert Einstein

Sehr lange schon sind Astronomen und Astrophysiker auf der Suche, die Bewegungen der kosmischen Objekte zu ergründen. Dazu wurden und werden immer neuere und bessere Beobachtungsgeräte entwickelt und gebaut, und es werden immer bessere und vollkommenere Methoden entwickelt, die Beobachtungen mit Berechnungen so zu systematisieren, daß sie einzuschätzen erlauben, wie der Kosmos aufgebaut ist und wie sich die Objekte bewegen. Sind die Galaxien fix, ist das Universum also statisch, bewegen sich die Objekte auf uns zu oder von uns weg? Wo befinden wir uns in unserer Galaxie, dem Milchstraßensystem? Wie weit sind andere Galaxien von uns entfernt? Wie schnell bewegen sie sich relativ zu uns? Expandiert das Universum oder kontrahiert es? Gibt es strenge Gesetzmäßigkeiten oder sind die Bewegungen chaotisch, zufällig? Welche sind die Antriebskräfte für die Bewegungen? Viele Fragen, deren Beantwortung sehr mühevoll und schwierig ist. Verschiedene Beobachtungen führen deshalb mitunter zu ganz unterschiedlichen Erklärungen. Deshalb gehen auch die Auffassungen verschiedener Wissenschaftler oft weit auseinander.

Im Jahre 1929 hatte der amerikanische Astrophysiker Edwin Powell Hubble (1889-1953) nach astronomischen Beobachtungen herausgefunden, daß die Rotverschiebung der Galaxien proportional zu ihrer Entfernung wächst. Das war eine fundamentale Feststellung, die eine Aussage über die Gesamtbewegung des Universums beinhaltete. Mit dieser Feststellung galt die Theorie von der Expansion des Universums als bewiesen.

Was heißt das? Was ist eine Rotverschiebung?

Wenn ein Objekt eine Welle aussendet, breitet sie sich im umgebenden Raum aus. Zunächst sei kein Unterschied gemacht, ob es sich um eine elektromagnetische Welle oder um eine Materialwelle, also einen Schall, handelt. Wird von dieser Welle am Empfangsort die Frequenz f gemessen, so wird man stets zeigen können, daß sie mit der Frequenz der ausgesendeten Welle übereinstimmt, wenn sich Sender und Empfänger nicht zueinander bewegen. Das ist verständlich, weil sich alle Phasenverläufe der Welle im Raum mit der gleichen Geschwindigkeit ausbreiten. Sie ist zum Beispiel für eine elektromagnetische Welle im Vakuum gleich der Vakuumlichtgeschwindigkeit c = 299.792,458 km/s, für eine Schallwelle im Medium Luft unter Normalbedingungen v = 343 m/s. Mißt man nun die Abstände zweier Amplituden der Welle, so werden bei einer festen Frequenz die Amplituden immer im gleichen Abstand aufeinander folgen. Dieser Abstand heißt Wellenlänge λ. Sie ist gleich der Ausbreitungsgeschwindigkeit der Welle geteilt durch die Anzahl der Schwingungen in der Zeiteinheit, also durch die Frequenz, das heißt, $\lambda = c/f$ für eine elektromagnetische Welle oder $\lambda = v/f$ für eine Schallwelle. Nun sei angenommen, der Sender bewege sich vom Empfänger mit einer bestimmten Geschwindigkeit weg. Dadurch werden aufeinanderfolgende Wellenamplituden am Empfänger mit einem größeren Abstand eintreffen, weil der Sender beim Aussenden der folgenden Amplitude ein wenig weiter weg ist und diese Amplitude deshalb einen größeren Weg zurücklegen muß. Die Wellenlänge vergrößert sich folglich genau um die Strecke, die der Sender zwischen zwei Amplituden zurückgelegt hat. Die Frequenz wird also am Empfänger kleiner.

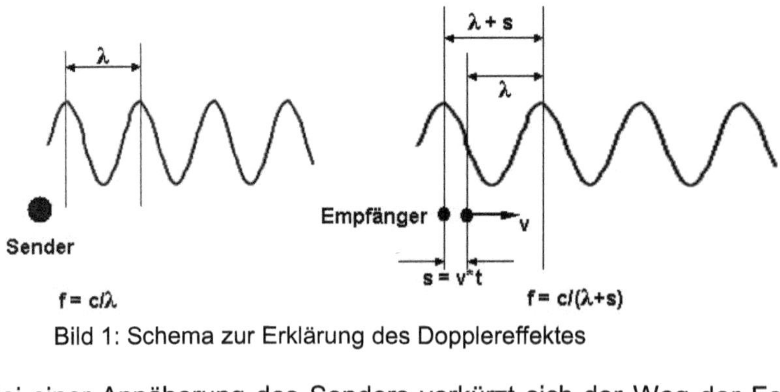

Bild 1: Schema zur Erklärung des Dopplereffektes

Bei einer Annäherung des Senders verkürzt sich der Weg der Folgeamplitude, die Frequenz wird folglich größer. Dabei ist es gleichgültig, ob sich der Sender bewegt oder der Empfänger. Es geht um die relative Geschwindigkeit des Senders und des Empfängers zueinander. Diese Erscheinung heißt Dopplereffekt, benannt nach dem österreichischen Physiker Christian Doppler (1803–1853), der sie 1842 herausfand. Bei einer Schallwelle kann man diesen Effekt ganz einfach beobachten. Zum Beispiel werden die Töne der Hupe eines an einem Beobachter vorbeifahrenden Autos höher, wenn es sich annähert, tiefer, wenn es sich entfernt. Bei einer elektromagnetischen Welle ist die Beobachtung wegen der hohen Ausbreitungsgeschwindigkeit schwieriger. Aber bei ausreichend hohen Geschwindigkeiten zwischen dem Sender einer Lichtwelle und einem Beobachter tritt der Effekt in der gleichen Weise auf. Bei Vergrößerung der Entfernung zwischen beiden sinkt die Frequenz der Lichtwelle, das heißt die Wellenlänge vergrößert sich. Bei Verringerung der Entfernung steigt die Frequenz, also wird die Wellenlänge kleiner. Während die Frequenz einer Schallwelle die Tonhöhe charakterisiert, ist es bei einer Lichtwelle die Farbe. Im grob verbal gegliederten Spektrum des sichtbaren Lichtes rot, gelb, grün, blau, indigoblau, violett entsprechen die Farben Rot oder Gelb kleineren Frequenzen, das heißt größeren Wellenlängen, als die Farben blau oder violett. Das bedeutet, die Farbe wandert im Spektrum in Richtung Rot, wenn sich die Strahlungsquelle vom Beobachter entfernt. Man spricht dann von einer Rotverschiebung.

++*+*

Man konnte nun davon ausgehen, daß die Galaxien weit entfernte Sternsysteme sind, die sich alle voneinander entfernen. Ganz gleich, in welche Richtung gemessen wurde, stets zeigte sich eine Rotverschiebung. Das heißt, unabhängig vom Standpunkt des Beobachters entfernen sich alle kosmischen Objekte voneinander, das aber bedeutet, das Universum dehnt sich aus, es expandiert.

Bald jedoch zeigte sich, daß diese Entdeckung in der Kosmologie fehlerhafte Interpretationen hervorbrachte, die darin bestanden, den festgestellten Bewegungsablauf als unveränderlich zu definieren. Dies führte in der Zeit danach zu einer grundsätzlichen Behinderung der weiteren Erforschung der Bewegungen kosmischer Objekte, weil keine anderen Bewegungsabläufe mehr in Betracht gezogen wurden. Diese Zeit dauert gegenwärtig noch an. Immer häufiger traf man auf die Formulierung, die Galaxien bewegten sich „ähnlich wie Bombensplitter nach einer Explosion in alle Richtungen“. Da erheben sich Fragen. Ist das nur heute so? War es immer so? Gab es einmal Kontraktionen oder wird es sie einmal wieder geben? Für alle diese Fragen wird mit der „Bombensplitterbeschreibung“ ein Fehler zugelassen, der die Auffassung suggeriert, es würden keine anderen Bewegungsarten existieren. Dieser Fehler führte im weiteren zu der Behauptung, die kosmische Expansion sei unumkehrbar, sie sei unidirektional, erfolge also stets nur in einer Richtung. Ein Irrtum, der schwerwiegende Folgen hat. Diese Vorstellung veranlaßte nämlich nun die Astrophysiker und die Kosmologen, die Zeit zurückzurechnen, rückwärts zu extrapolieren, um zu ermitteln, wann diese Expansion begonnen habe. Völlig unverständlich zog man dabei als realistisch in Betracht, die Extrapolation linear vorzunehmen und unter Voraussetzung dieser Linearität so weit zurückzurechnen, bis sich alle Objekte in einem Punkt befänden. Von diesem Punkt aus soll dann die Expansion begonnen haben. Diese lineare Extrapolation ist natürlich völlig realitätsfremd. Es ist durch nichts zu beweisen, und es ist auch kaum zu erwarten, daß die Expansion linear abläuft und auch nicht, daß sie unumkehrbar ist.

Diese These ist tatsachenfremd, weil sie die Bewegung der kosmischen Objekte ohne Einschränkung und rein spekulativ für alle Zeiten auf die gegenwärtig festgestellte Richtung fixiert. Eine solche Annahme ist aber durch nichts belegt und sie ist auch nicht beweisbar. Es ist eher äußerst wenig wahrscheinlich, daß die Bewegung der kosmischen Objekte, die ja chaotischen Charakter hat, in der angenommenen Art und Weise linear abläuft. Schon aus dieser Überlegung geht hervor, daß die Urknalltheorie auf einer falschen Konvention aufsetzt und deshalb nicht aufrechterhalten werden kann. Dies ist jedoch erst eine kleine Anfangsüberlegung, die sich gegen die Urknalltheorie richtet, in der Folge werden wir noch wesentlich bedeutsamere Gründe für die Zweifel herausfinden.

<u>Was hat man getan? Wie ist diese lineare Extrapolation zu verstehen?</u>

Ein Beispiel soll das verdeutlichen. Im Bild 2 ist eine Flugroute dargestellt. Ein Beobachter sieht um 9:47 Uhr über der Stadt Potsdam den Überflug eines Flugzeuges. Ein wenig später erhält er Information, daß das Flugzeug um 9:50 Uhr die Stadt Brandenburg/Havel überflogen hat. Anhand einer Karte bestimmt er nun aus der Lage der Stadt Brandenburg und ihrer Entfernung von 35 km zu Potsdam, daß das Flugzeug mit Kurs 270^0 und einer Geschwindigkeit von 700 km/h fliegt. Bis hierher ist alles korrekt. Doch nun verfällt der Beobachter in einen Irrtum. Er nimmt an, daß diese Flugparameter schon immer bestanden haben. Er rechnet mit diesem Kurs und der errechneten Geschwindigkeit die Flugroute um 542 km zurück, das heißt, er extrapoliert unter Beibehaltung der festgestellten Flugparameter und erhält nach korrekter Berechnung, daß das Flugzeug um 9:00 Uhr in Warschau gestartet sein muß, weil auf diesem Kurs näher oder ferner keine größeren Flughäfen liegen, die ein solches Flugzeug bedienen könnten. Das ist jedoch nicht wahr. Am folgenden Tag wurde der Flugkapitän befragt, der aber gab zu Auskunft, er sei mit seinem Flugzeug um 9:44 Uhr mit Kurs 197⁰ in Berlin-Tegel gestartet und habe dann über Kleinmachnow mit einer Rechtskurve seinen Kurs auf 270⁰ geändert. Die Rückrechnung ist also unter falschen Voraussetzungen vorgenommen worden. Eine nicht bestätigte Annahme wurde als Ausgangskriterium für eine Berechnung verwendet.

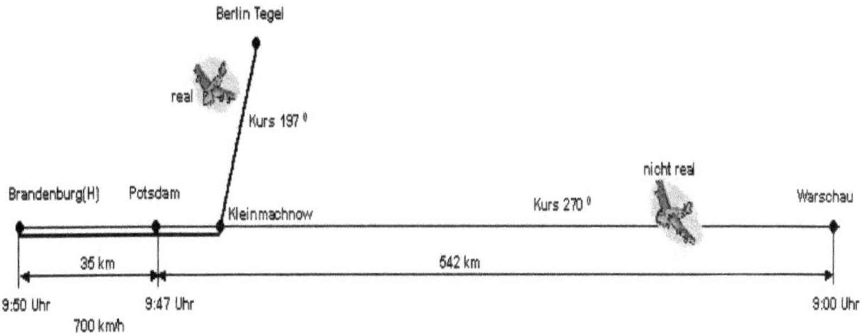

Bild 2: Extrapolation

Auf ganz ähnliche Weise gehen auch die Urknalltheoretiker vor, indem sie aus gegenwärtig festgestellten Bewegungsdaten der kosmischen Objekte eine Rückrechnung durch Extrapolation vornehmen, ohne die tatsächlichen Bewegungen der Objekte zu kennen. Nur befinden sich die Urknalltheoretiker gegenüber der Situation im Beispiel in einer wesentlich mißlicheren Lage. Es ist niemand da, den man nach den tatsächlichen Bewegungsparametern befragen könnte.

++*+*

Als erster äußerte den Gedanken der linearen Expansion im Jahre 1927 der Jesuitenpater Abbè Georges Edouard Lemaitre (1894–1966), ein belgischer Theologe, Priester und Astrophysiker. Er behauptete, das Universum habe sich aus einem einzigen Uratom durch fortwährende Spaltung des Atomkerns entwickelt, in dem die gesamte Materie des Universums enthalten gewesen sein soll. Mit dieser Idee folgte er einer Bestrebung, die ihm schon in jungen Jahren vorschwebte: Eine Theorie zu entwickeln, die die Wissenschaft mit der Schöpfungsidee in Übereinstimmung brächte. Lemaitre stellte seine Ideen auf einem Kongreß in London vor, auf dem man versuchte, einen Ursprung des Universums zu finden. Er äußerte seine Vorstellungen vom Ursprung des Universums, das aus einem Uratom hervorgegangen sei, in dem die gesamte heute im Universum vorhandene Materie enthalten gewesen sein soll. Er beschrieb dies als „...ein kosmisches Ei, das im Moment der Entstehung des Universums explodierte...". Anfangs erntete diese Idee unter den Kosmologen Spott, man sprach von einem „Big bang", ursprünglich ein Scherzwort, aber durch beharrliche Arbeit Lemaitres und durch den Einfluß des Klerus konnte sich dieser Gedanke zunehmend etablieren. Immer häufiger wurde diese unidirektionale „Bombensplitterbewegung" der kosmischen Objekte als festliegend, als unumstößlich angenommen, immer weniger wurde hinterfragt, ob diese Bewegung nicht auch ganz anders ablaufen könne. Nach der Entdeckung der Rotverschiebung durch Edwin Hubble erhielt die Idee vom kosmischen Ur-Ei weitere Nahrung.

Aus dieser Fehlhaltung wurde in der Folge eine Theorie entwickelt, die von Beginn an umstritten war, weil sie bis heute nicht durch Beobachtungen belegt werden kann – die Urknalltheorie. Sie fußt auf einer aus der beobachteten Expansion des Universums fehlerhaft abgeleiteten Grundannahme. Man betrachtet die Unidirektionalität der Expansion des Universums als unumstößliches Axiom und stellt es seither nicht mehr in Frage. Das fehlende Hinterfragen dieser Annahme ermöglichte in der Folge das Ableiten weiterer falscher, beinahe abenteuerlicher Schlüsse:

1. Wenn sich das Universum unumkehrbar ausdehne, so müsse es am Anfang des Expansionsprozesses in einem einzigen Punkt vereinigt gewesen sein. Die Astrophysiker nennen das eine Singularität. In dieser Singularität habe eine unendliche Energiedichte vorgelegen, die uns bekannten Naturgesetze seien nicht gültig gewesen.

2. Die unendliche Energie in diesem Punkt führte zu einer Urexplosion, in der die Materie aus Energie erzeugt wurde – dem Urknall.

3. Vor diesem „Anfang" des Universums existierte nichts, der Urknall sei der Nullpunkt der Zeit, Raum und Zeit seien mit dem Urknall entstanden.

4. Die fortschreitende Expansion habe im Zusammenhang mit der damit einhergehenden Abkühlung zur Entwicklung der existierenden Vielfalt der Materieformen geführt. Am „Anfang“ habe es diese Formen nicht gegeben.

5. Die fortschreitende Expansion müsse zwingend in einem Ende des Universums aufgehen, in dem auch Raum und Zeit enden müssen.

Keine dieser Schlußfolgerungen ist belegbar. Besonderen Zweifel erregt jedoch der Umstand, daß die Behauptungen nur zutreffen können, wenn die Gültigkeit der Naturgesetze geleugnet wird. Nach meinem Verständnis ist dies wissenschaftlicher Anarchismus.

Die ärgsten Zweifel ruft die Schußfolgerung in Ziffer 2 hervor. Abgesehen von dem Begriff „unendliche“ Energie, der wiederum die Naturgesetze in Frage stellt, ist die Behauptung falsch, Masse würde aus Energie „erzeugt“ werden. Das entspringt ganz offensichtlich einer fehlerhaften Deutung des einsteinschen Masse-Energie-Äquivalentes $E = m \cdot c^2$, aus dem hervorgeht, daß es ohne Masse auch keine Energie gibt. Denn setzt man in der Gleichung die Masse $m = 0$, so ist auch die Energie $E = 0$, da beide über das Quadrat der Naturkonstanten c im Verhältnis stehen. Dieser Zusammenhang wird etwas später noch ausführlich analysiert.

Die Schlußfolgerung in Ziffer 1 ist in sich selbst nicht schlüssig. Nicht eben sehr wissenschaftlich, aber doch recht anschaulich glossiert Klaus Gebler in seinem Buch *Als der Urknall Mode war* diesen Schluß, indem er sagt: „Welcher Beobachter eines aufgehenden Hefekuchens käme auf die Idee, einen Anfangszustand herbeizurechnen, bei dem 100 Milliarden mal Milliarden Hefekuchen in einen Stecknadelkopf gepaßt hätten?“

Aber legen wir nun die Satire beiseite, es gibt ernste Argumente. Nach Berechnungen, die auf der nachgewiesenen Expansion des Universums fußen, müßte der Anfangspunkt der Expansion unter Annahme der linearen Expansion und unter Zugrundelegung der Gesamtheit der existierenden Materie vor etwa 8 Milliarden Jahren liegen. Dabei wurde ungeprüft unterstellt, daß die kosmischen Objekte zu allen Zeiten die gegenwärtig vorgefundene Bewegungsrichtung hatten und niemals eine andere vorlag. Es wurden jedoch kosmische Objekte gefunden und vermessen, die älter sind, als das aus diesen Berechnungen ermittelte „Alter“ des Universums. Sie müßten also „vor“ dem Urknall existiert haben. Was aber bedeutet „vor“ dem Anfang der Zeit? Es ergäbe sich auf diese Weise ein logischer Denkfehler, der mit diesen Berechnungen nicht aufgelöst werden kann. Wie sollte man nun weiter schlußfolgern? Schließlich ist Bewegung Veränderung in der Zeit. Soll also die Zeit nicht existiert haben, so hat auch die Bewegung nicht existiert. Bewegung ist aber auch Änderung im Raum. Ohne Bewegung gäbe es also auch keinen Raum. Der Punkt, von dem der Urknall ausgegangen sein soll, ist aber ein Element des Raumes. Ohne Raum ist der Begriff Punkt nicht definierbar, er ist imaginär. Man kann keinen geometrischen Ort für einen Punkt festlegen, wenn es keinen Raum gibt. Oder wir müßten die Mathematik als ganzes leugnen. Wer so weit zu gehen bereit ist, stellt sich jedoch selbst völlig außerhalb der Wissenschaft. Ohne Raum kann also auch dieser Punkt nicht existiert haben. Damit aber enthebt sich die Quelle des Urknalls selbst ihrer Existenz. Man kommt so zu einer ähnlichen Frage wie der nach dem Ursprung des Huhnes: War nun das Huhn oder das Ei zuerst da? Jeder weiß, daß eine solche Frage unsinnig ist, und daß man keine vernünftige Antwort darauf geben kann. Allein schon durch solche und ähnliche Grundüberlegungen steht die Unidirektionalität der Expansion des Universums im Zweifel, denn es stünde an ihrem zurückgerechneten Anfang die Bewegung als Grundeigenschaft jeglicher Materie im Zweifel. Für die Bewegung muß die Raumzeit existieren, ohne die Raumzeit gibt es keine Bewegung. Und umgekehrt: Ohne Bewegung gibt es keine Raumzeit. Raum und Zeit sind relative Größen, sie hängen von der Bewegung ab und damit von der Materie, die der Bewegung unterliegt. Was war nun zuerst da, die Bewegung oder die Raumzeit? Weil aber keine der beiden Kategorien ohne die andere existieren kann, ist diese Frage ebenso unsinnig, wie die über das Huhn und das Ei.

Damit gibt es einen Widerspruch, der auch unter der wenig begreiflichen Annahme, die Naturgesetze hätten in diesem nicht existierenden Punkt keine Gültigkeit, nicht lösbar ist. Wie sollte man nun aus diesem Dilemma herauskommen? Um diesen Widerspruch zu lösen, hat man nun nicht etwa die Linearität und die Unidirektionalität der Expansion hinterfragt und andere Bewegungsmodelle der kosmischen Materie in Betracht gezogen, nein, sie wurde nach wie vor als unumstößliche „Tatsache“, als Axiom, betrachtet, das keines Beweises bedürfe. Statt dessen wurden neue Begriffe in Erwägung gezogen, mit denen Kräfte konstruiert wurden, die nun schon von niemandem mehr einer rationalen Erklärung zugeführt werden konnten. Um die Urknallhypothese zu stützen und um jeden Preis zu erhalten, führte man die Begriffe „dunkle Energie“ und, fehlerhaft abgeleitet aus dem einsteinschen Masseäquivalent $E = m \cdot c^2$, „dunkle Materie“ ein und definierte sie in geeigneter Weise so, daß der „Anfang der Zeit“ nun vor etwa 13,7 Milliarden Jahren liegt. Damit endlich wurde die Schlußfolgerung in Ziffer 3 über einen „Anfang“ von Raum und Zeit gewissermaßen „passend gemacht“. Jedoch verstrickte man sich damit noch tiefer in schier unbegreifliche Vorstellungen, die alle bis dahin nachgewiesenen und als verläßlich geltenden gedanklichen Modelle über Raum, Zeit, Bewegung und Materie in Frage stellten.

Die Definition einer „dunklen Energie“ ist nach meiner Auffassung eine ähnliche Fehlhaltung, wie im 19. Jahrhundert der Glaube an einen Äther als Trägermedium für die Ausbreitung des Lichtes. Dies hätte nämlich vorausgesetzt, daß es ein bevorzugtes Inertialsystem gibt, daß also im Universum ein absolut ruhender Punkt existiert. Lange Zeit galt diese Äthertheorie als richtig. Es wurden viele Experimente durchgeführt, um den Äther nachzuweisen und sein Inertialsystem zu bestimmen. Alle Versuche schlugen fehl. Nachdem mit der Relativitätstheorie der Beweis erbracht wurde, daß alle Inertialsysteme ranggleich sind und keines gegenüber anderen bevorzugt ist, mußte man die Äthertheorie verwerfen.

Andererseits entsteht durch die Annahme der linearen Expansion auch zwingend die folgende Überlegung: Wenn richtig sein soll, daß es vor dem Urknall <u>nichts</u> gab, so muß das Universum eine berechenbare Außengrenze haben, hinter der keine Materie existieren kann, weil die Expansionsgeschwindigkeit endlich und der Anfang bekannt ist. Der Raum wäre endlich, er hätte eine Außengrenze, hinter der wiederum <u>nichts</u> wäre. Wenn es diese Außengrenze nicht gibt, das heißt, wenn außerhalb dieser Rechengrenze Materie existiert, kann es auch keinen Urknall gegeben haben. Selbst die Fiktion der „Entstehung“ des Raumes ist in sich nicht erklärbar. Zur Zeit Null gab es den Raum nicht, und mit dem „Beginn“ der Zeit war er plötzlich da und außerhalb eines zeitlichen Ablaufes waren alle drei Raumkoordinaten unendlich? Diese Vorstellung ergibt keinen Sinn, sie ist ebenso unsinnig wie die Annahme der nichtexistierenden Naturgesetze.

Und immer wieder stößt man bei der Bombensplitterbetrachtung der Bewegung der kosmischen Objekte durch verschiedene, auch ernsthafte Kosmologen auf die Formulierung „vor dem Urknall“. Die Formulierung ist im Wesen falsch und steht außerhalb der Logik. Es ist wahrlich eine Fiktion. Man kann entweder anerkennen, daß die Zeit ein Vektor ist, also einen Anfang hat, dann gibt es kein „davor“. Oder aber, wenn etwas „vor dem Urknall“ gewesen sein soll, dann ist die Zeit kein Vektor, hat also keinen Anfang. Beides zugleich ist unmöglich. Außerdem, wenn etwas vor dem Urknall gewesen sein soll, dann ist unwahr, daß nichts existierte, weil etwas und nichts miteinander unvereinbar sind.

Und noch an einer weiteren Überlegung kann man sich nicht vorbeimogeln. Sie liegt auf der Hand. Durch welche Kraft wurde der Urknall ausgelöst? Wo war die dafür erforderliche Energie? Schließlich muß es für die Auslösung der Expansion einen Impuls gegeben haben: Impuls = Masse · Geschwindigkeit. Es gab aber weder Masse, die ja geleugnet wird, noch Geschwindigkeit, für die ja die Raumzeit Voraussetzung ist. Ohne Masse und ohne Raumzeit gibt es also auch keinen Impuls. Und wo soll die unendliche Energie gewesen sein? In dem nicht existierenden imaginären Punkt? Wenn es, wie behauptet, nichts gab, was ist dann Energie? Ist sie nichts? Wo kam sie her? Entstand sie aus nichts? Wo ist diese Energie nach dem Knall? Ist sie in Masse „umgesetzt“? Diese Masse würde sich nun ausschließlich nach dem Trägheitsgesetz bewegen, es würde keine weitere Energie hinzugefügt werden können, weil keine mehr vorhanden ist. Oder hätten wir dann ein bißchen Masse und einen Rest Energie? Etwa so, als wäre eine Bombe nicht ganz richtig oder nicht vollständig explodiert? Eine solche Deutung kann nur aus einer absurden Auslegung der Masse-Energie-Äquivalenz heraus entstehen. Es ist schlichtweg nicht möglich. Die einzige Kraft, die noch wirken könnte, wäre die Gravitation. Wenn aber der Bewegung noch Energie zugeführt würde, wäre es kein Knall, keine Explosion, sondern eine Evolution, also eine Bewegung in Raum und Zeit. Dann jedoch müssen Masse und Energie in eine Wechselwirkung treten. Die Urknallhypothese schließt diese Wechselwirkung aber aus, denn sie behauptet ja, daß es zuerst nur Energie gab und dann wurde daraus Masse gemacht. Und wo ist nun die Energie? Ist sie weg? Ist sie aber weg, so ist auch die Masse weg, denn $E = m \cdot c^2$. Wenn aber beides weg ist, gibt es auch kein Universum.

Wie man sieht, liegen alle diese Darstellungen abseits jeglicher Folgerichtigkeit. Sie sind in sich widersinnig, sie gestatten keine sinnvollen Ableitungen grundsätzlicher Zusammenhänge, kurz, sie liegen außerhalb der Intelligenz. Es tritt also schon bis hierher recht deutlich zu Tage, daß man mit diesen Denkstrukturen das Universum nicht sinnvoll erklären kann. Aber strebt man denn überhaupt nach einer sinnvollen Erklärung? Oder besteht das Ziel der Erklärung in der völligen Mystifizierung der Probleme? Ist das eine kuriose Frage? Ganz sicher nicht. Sie ist nicht auszuschließen, denn Erklärungen zu formulieren, die nur unter Leugnung der Gültigkeit der Naturgesetzte vertretbar sind, haben sicher weder einen vernunftgetragenen theoretischen noch irgendeinen praktischen Wert, weil damit überhaupt keine verbindlichen Vorgehensweisen mehr existieren. Jegliche Erklärungen über die Zusammenhänge der Welt fallen so einer ungezügelten Phantasterei zum Opfer. Es läßt sich auch nur mit der völligen Verklärung der Probleme im transzendenten, mystischen Bereich die Idee aufrechterhalten, daß das Universum einen Anfang haben muß. Einen Anfang der Welt aber als unumstößliche Endgültigkeit zu postulieren, entspricht ausschließlich und unverdeckt dem kirchlichen Dogma über einem Weltenschöpfer, dem man alle unbekannten Vorgänge zuschreiben kann und sich damit lax der Frage nach den Zusammenhängen entledigt.

Aber bevor man überhaupt über diese Fragen sprechen kann, muß ein grundsätzliches Problem geklärt sein. Es muß Klarheit über eine Grundauffassung geschaffen werden: Was ist Materie? Ich habe ja schon bis hierher zeigen können, daß die Unklarheiten zu dieser Frage eine ganze Menge Verwirrungen nach sich ziehen, die vermutlich ausgeräumt werden können, wenn man diese Grundfrage einer rationalen Erklärung zuführt.

2. Masse und Energie oder Materie und Energie?

Wenn die Menschen nur über das sprächen, was sie begreifen, dann würde es sehr still auf der Welt sein.
Albert Einstein

Im vorangegangenen Abschnitt wurde schon allgemein über Materie gesprochen, ohne eine klare Aussage zu treffen, was darunter zu verstehen ist. Verschiedene Mitwirkende an diesen Diskussionen äußern sich auf unterschiedliche Weise. Manche Äußerungen erweisen sich dabei als wenig durchdacht. So ergeben sich Widersprüche und Unklarheiten. Deshalb will ich an dieser Stelle eine grundsätzliche Überlegung allen weiteren Diskussionen über Materie voranstellen, mit der der Materiebegriff rational erklärt werden soll, um Irrtümer und Fehldeutungen nach Möglichkeit auszuschließen. Man kann schließlich nicht über Steine diskutieren, solange noch unklar ist, was ein Stein ist? Natürlich kann ich nicht den Stein der Weisen präsentieren, aber die nachfolgenden Denkvorgänge sind unumgänglich, denn sie zeigen Ungereimtheiten und Widersprüche in den Auffassungen zu einer doch wohl wesentlichen Grundfrage. Ein Konsens in dieser Frage ist zwingend erforderlich, weil sonst alle Diskussionen über Materiebewegungen in Unklarheiten enden müssen und mögliche Lösungen nachhaltig ausgeschlossen werden. Ohne die eindeutige Klärung dieser Frage würde man fortwährend über Dinge reden, die man nicht kennt, von denen man keine klare Vorstellung hat.

In der wissenschaftlichen Diskussion wird in vielen Veröffentlichungen zwischen Materie einerseits und Energie andererseits unterschieden. Damit wird die Materie der Energie gegenübergestellt, Energie wird somit nicht zur Materie gehörend angesehen, sie wird aus der Materie ausgeklammert. Dies scheint mir der sehr verhängnisvolle Fehler zu sein, der dann schließlich an anderen Stellen, wie zum Beispiel im vorausgehenden Abschnitt beschrieben, zu Fehlinterpretationen führt. Es wird über Materie gesprochen, wenn Masse gemeint ist. Der Materiebegriff wird so auf die Masse reduziert.

Der Ausgangspunkt für diese Fehlhaltung ist die gegenwärtig als offiziell angesehene Materiedefinition. Man findet in den meisten Lexika und in vielen wissenschaftlichen Grundlagenarbeiten die folgende Definition:

„Materie ist eine Sammelbezeichnung für alle Beobachtungsgegenstände der Naturwissenschaften, die Ruhemasse besitzen. Raumbereiche, die keine Materie enthalten, bezeichnet man als Vakuum. Elektromagnetische Wellen wie zum Beispiel Licht werden nicht zur Materie gezählt.“ (26)

In dieser Formulierung liegt der Hauptausgangspunkt für alle weiteren Fehlhaltungen. Der Fehler ist die Einschränkung bezüglich der Ruhemasse. Diese Einschränkung führt dazu, daß die elektromagnetische Strahlung aus der Materie herausgelöst wird. Das aber hat weitreichende Folgen. Damit wird ausgesagt, daß Energie nicht zur Materie gehört, und folglich, daß Masse aus Energie „erzeugt“ werden kann, und daß sie auch wieder „verschwinden“ kann. Andererseits kann mit dieser Auffassung Energie aus Masse „hergestellt“ werden. Und sie kann auch wieder „beseitigt“ werden. Beides bedeutet eine Verletzung des Energieerhaltungssatzes und widerspricht grundsätzlich dem Masse-Energie-Äquivalent, denn Energie ist Masse und somit Materie.

Rechnet man die Energie nicht zur Materie, entsteht die Frage, was ist sie dann? Was ist dann Energie? Kann man denn die Energie von der Materie abtrennen und sie auf diese Weise als eine gesonderte Kategorie außerhalb der Materie ansehen? Nein, man kann es nicht. Das ist der Grundfehler zu dieser Frage. Würde die Energie nicht zur Materie gehören, so wäre der Zusammenhang von Masse und Energie nicht materiell. Das Masse-Energie-Äquivalent könnte nicht existieren. Die Bewegung der Materie würde auf diese Weise auf die Ortsveränderung der Masse in der Raumzeit reduziert. Die Energie würde nicht der Bewegung unterliegen. Somit würde sie außerhalb der Raumzeit sein. Ein so definierter Bewegungsbegriff schlösse jegliche Evolution aus. Folglich muß der Bewegungsbegriff alle Arten der Umwandlung der Materieformen einschließen, Ortsveränderung ist nur <u>eine</u> Form der Bewegung. Strukturelle Veränderung der Materie, das heißt, Generierung und Zerstörung der Teilchen, Synthese und Zerfall der Elemente, Aufbau und Zerlegung der Verbindungen, Entstehung und Vergehen komplexer Strukturen, ist eine andere, weit umfassendere Bewegungsform, die ursächlich die Triebkraft der Evolution ist. Diese Bewegung schließt aber die Energie ein, ohne Energie kann diese Bewegung nicht existieren. Daraus ergibt sich die Schlußfolgerung, daß Energie, und deshalb auch Strahlung, Materie sein muß.

Ich vertrete die Auffassung, daß Materie die duale Erscheinung zweier Komponenten, der Masse einerseits und der Energie andererseits ist. Masse und Energie sind Erscheinungsformen der Materie. Das durch Albert Einstein (1879-1955) bewiesene Masse-Energie-Äquivalent $E = m \cdot c^2$ zeigt den quantitativen Zusammenhang zwischen beiden Erscheinungsformen. Beide Komponenten stehen miteinender in Wechselbeziehung. Die Bewegung der Materie in der Raumzeit schließt den ständigen Übergang der einen Erscheinungsform in die andere und umgekehrt ein. Beide Vorgänge sind durch Strahlungsemissionen begleitet, die ständig, überall und in alle Richtungen erfolgen. Zwangsläufig gehören auch Strahlungsemissionen zur Materie, weil durch Strahlung Energie transportiert wird und damit auch Masse. Nur unter Zulassung dieser Voraussetzung ist der duale Charakter einer Strahlung erklärbar, denn Strahlung ist gleichzeitig Masse (Korpuskularstrahlung) und Energie (Wellenstrahlung). Wegen der grundsätzlichen Bedeutung der Klärung dieses Problems für alle weiteren Erörterungen habe ich im Anhang 3 die wesentlichen Grundgedanken, mit denen Einstein das Masse-Energie-Äquivalent hergeleitet hat, zusammengestellt.

Noch auf eine andere Weise kann man zeigen, daß die Trennung zwischen Materie und Energie falsch ist. Das erkennt man, wenn man die Einsteinsche Gleichung anders darstellt: $E/m = c^2$. Das bedeutet, das Verhältnis von Energie zu Masse ist konstant. Masse ist also immer im gleichen Maße dort, wo Energie ist und umgekehrt. Das heißt, Masse ist zur Energie äquivalent. Folglich kann es Energie nicht ohne Masse geben und umgekehrt. Man kann Masse also nicht „entstehen" lassen, ebenso wie man Energie nicht „herstellen" kann. Beide existieren, sie sind <u>die Materie</u>. Man kann sie umwandeln, nicht aber erzeugen oder beseitigen. Anders ausgedrückt, ihre Existenz, ihr Vorhandensein, unterliegt nicht der Veränderung. Auch das widerlegt die Urknalltheorie, denn mit ihr wird Masse, die ursprünglich nicht vorhanden ist, mit einer Explosion „produziert". Rein rechnerisch: Setzt man in der Gleichung des Masse-Energie-Äquivalentes, wie oben bereits angedeutet, die Masse $m = 0$, so ist auch die Energie $E = 0 \cdot c^2 = 0$.

Das Universum ist Materie, die sich in der Raumzeit in Bewegung befindet. Somit kann auch das Universum nicht entstanden sein, und es kann auch nicht verschwinden. Das Universum ist ewig, wie auch die Bewegung der Materie in der Raumzeit ewig ist. Die Urknalltheoretiker, die stets die Energie aus der Materie herauslösen, behaupten, die Materie sei nach dem Urknall aus Energie entstanden. Darunter muß also nun die Masse verstanden werden. Dies ist aber, wie gezeigt, nicht möglich. Demzufolge müßte die Singularität, die als Ursprung des Urknalls angesehen wird, neben einer unendlichen Energie auch eine unendliche Masse gehabt haben – eine unglaubwürdige, sehr abwegige Auffassung. Dazu müßte man sich ernsthaft darauf einlassen, daß es keine Naturgesetze gegeben habe. Das ist eine exzentrische, sehr unwissenschaftliche Herangehensweise. Später werde ich noch einmal darauf zurückkommen.

Aus astrophysikalischen Beobachtungen und damit zusammenhängenden Berechnungen ist bekannt, daß die Sonne je Sekunde 4 Millionen Tonnen Masse durch Energieabstrahlung verliert. Das ist eine eindeutige Aussage darüber, daß Masse und Energie äquivalente Formen der Materie sind. Masse wird in Form von Energie in den Raum abgestrahlt. Nachgerechnet wird diese Masseabstrahlung etwas später im Abschnitt 8. Würde die Energie nicht zur Materie gehören, könnte die Sonne durch Energieabstrahlung auch keine Masse verlieren. Das ist nur möglich, weil Energie ein Masseäquivalent hat, und zwar $m \cdot c^2$, und somit Bestandteil der Materie ist, Energie also mit Masse in Wechselwirkung steht. Die Energie, die die Sonne in den Raum abstrahlt, ist Masse.

Nach all diesen Überlegungen müßte die oben genannte Materiedefinition (26) eine Korrektur erfahren. Nach meiner Auffassung müßte sie wie folgt lauten:

Materie ist eine Sammelbezeichnung für alle Beobachtungsgegenstände der Naturwissenschaften, die in der Raumzeit existieren. Raumbereiche, die keine Masse enthalten, bezeichnet man als Vakuum.

3. Warum stürzt das Universum nicht zusammen?

Zwei Dinge sind zu unserer Arbeit nötig:
Unermüdliche Ausdauer und die Bereitschaft, etwas,
in das man viel Zeit und Arbeit gesteckt hat, wieder wegzuwerfen.
Albert Einstein

Nachdem die Expansion des Universums durch die Beobachtung der Rotverschiebung der Galaxien bestätigt war und als etabliert galt, führten Überlegungen zu der Annahme, daß sich die Geschwindigkeit der Expansion wegen der allgemeinen Gravitation der Massen verringern müßte, daß also die Expansion langsamer werden müßte. Um diese Annahme zu quantifizieren, wurden detailliertere Messungen durchgeführt, um die Geschwindigkeit der Expansion und ihre Veränderung über die „Lebenszeit" des Universums zu bestimmen. Die Messungen, die im wesentlichen auf Entfernungsbestimmungen weit entfernter Supernovae vom Typ 1a basierten, ergaben entgegen dieser Lehrmeinung eine Zunahme der Expansionsgeschwindigkeit.

Diese Beobachtung war völlig unerwartet und löste zunächst Ratlosigkeit aus. Als unausweichliche Schlußfolgerung ergab sich daraus, daß neben der allgemeinen Gravitation eine weitere Kraft existieren muß, die der Gravitation entgegengerichtet ist und so zu einer Abstoßung der kosmischen Objekte führt. Dies ist völlig logisch, denn auf andere Weise ist die beschleunigte Expansion des Universums nicht erklärbar. Niemand konnte aber sagen, welcher Art diese Kraft ist und woher sie kommt.

Und auch in diesem Fall stellten nur sehr wenige Forscher die Frage nach der Richtigkeit des etablierten Bewegungsmodells der kosmischen Materie. Die Urknallhypothese war zu dieser Zeit bereits so fest etabliert, daß die wenigen Forscher, die Fragen zu ihrer Richtigkeit stellen wollten, von der allgemeinen „Weltanfangs"-Euphorie unterdrückt wurden. Es gab im Bereich der Forschungseinrichtungen auch sehr üble Restriktionen. Widerspruch gegen die Urknalltheorie wurde nicht geduldet und nicht zugelassen. Dazu später mehr im Abschnitt 11.

Statt dessen wird bis heute versucht, die Beschleunigung der Expansion auf die unbestimmte „dunkle Energie" zurückzuführen. Mit umfangreichen Berechnungen wurden Modelle konstruiert, mit denen die Beschleunigung begründet wurde, ohne jedoch den Ursprung der dazu notwenigen Kräfte erklären zu können. Die Berechnungen fußen auf reinen Vermutungen und Spekulationen, man ersinnt auf diese Weise eine Basis für die Erklärung, die im Bereich des Transzendenten liegt und sich jeder rationalen Denkstruktur entzieht.

Nach diesen Modellen besteht das Universum zu 72 % aus „dunkler Energie“, 23 % aus „dunkler Materie“ – und wieder wird hier die Ausgrenzung der Energie aus der Materie vorgenommen – und zu lediglich 5 % aus der sichtbaren, baryonischen Materie. Abgesehen davon, daß diese Zusammensetzung rein rechnerisch so gestaltet wurde, daß sie mit den Beobachtungen in Übereinstimmung zu bringen ist, hat sie noch eine weitere Unzulänglichkeit. Das Modell funktioniert nur, wenn das Universum eine euklidische Geometrie hat, also flach ist. Das jedoch widerspricht der Urknallidee, die ja eine sphärische und ausschließlich radiale Ausdehnung zur Folge hätte. Geht man von der Urknalltheorie aus, würde die normale Materie nicht ausreichen, um dem Universum eine euklidische Geometrie zu geben, sie hätte nur 2 bis 5 % der dafür notwendigen Masse. Aus Beobachtungen der gravitativen Anziehung zwischen den Galaxien ergibt sich aber, daß „dunkle Materie“ maximal 30 % der erforderlichen Materie sein kann. „Dunkle Energie“, die aufgrund des durch Einstein gefundenen Masseäquivalentes $E = m \cdot c^2$ eine Masse haben muß, würde die fehlende Masse gerade liefern. Das Wesen der „dunklen Materie“ ist aber rein spekulativ, so daß man bereits Zweifel äußern muß, ob denn das Masse-Energie-Äquivalent auf sie angewendet werden kann. Die Existenz der „dunklen Energie“ soll also auch eine Erklärung für die „Flachheit“ des Universums sein. Dies aber ist insofern nicht schlüssig, als man diese Werte nicht berechnet, sondern so festgelegt hat, daß sie mit den Meßergebnissen zusammenpassen. Erhebliche Zweifel bestehen an den 5 % baryonischer Masse und deren Festsetzungskriterien. Jedoch ist abgesehen von allen Berechnungen „dunkle Materie“ noch immer eine Fiktion, die durch nichts, auch nicht durch hinreichend exakte theoretische Interpretation, eine Bestätigung erfahren hat.

So bleiben also auch mit den Definitionen der „dunklen Energie“ und der „dunklen Materie“, ganz abgesehen von dem Grundfehler dieser Unterteilung, wesentliche Fragen der Bewegung des Universums unerklärbar. Die Forschung stagniert, es gibt keine Möglichkeiten, unter Beibehaltung der Urknallhypothese in der Erforschung grundsätzlicher Fragen voranzukommen. Die kosmologischen Denkstrukturen müssen andere Bewegungsmodelle zulassen, um diesen Knoten aufzulösen – kurz, es ist eine Neuorientierung unerläßlich.

Viele Wissenschaftler haben in aller Deutlichkeit erkannt, daß das starre Festhalten am einzigen gegenwärtig etablierten Weltbild, der Urknallhypothese, ein grundsätzliches Hindernis für die kosmologische Forschung ist. Die kosmischen Bewegungen sind mit ihr nicht erklärbar, Forschungs- und Meßergebnisse auf der Basis neuerer Methoden und Möglichkeiten lassen sich nicht widerspruchsfrei in ihr unterbringen. Mehr noch: Forschungen werden behindert, wenn sie nicht mit dem Ziel erfolgen, eine Bestätigung der Urknalltheorie zu finden (siehe dazu auch Abschnitt 11). Eine große Zahl Wissenschaftler, die das erkannt hat, setzt sich deshalb für eine solche Neuorientierung ein. In der Zeitschrift *New Scientist*, Ausgabe 22.-28. Mai, 2004, Seite 20, ist ein Artikel veröffentlicht, in dem 33 namhafte Wissenschaftler Kritik üben mit der Aussage, daß die Dominanz der Urknalltheorie eher auf Konventionen als auf einer wissenschaftlichen Methode basiert. In einem offenen Brief fordern sie ein Umdenken in den Wissenschaftsgremien, die über die Bereitstellung von Forschungsmitteln zu befinden haben. Der offene Brief befindet sich im Anhang 1.

4. Ein anderes Bewegungsmodell bringt mehr Klarheit

Das Schönste, was wir erleben können,
ist das Geheimnisvolle.
Albert Einstein

Nachdem nun verdeutlicht worden ist, daß die Urknalltheorie die Mehrzahl der Probleme der kosmischen Materiebewegung nicht erklären kann, entsteht die Frage, welche Eigenschaft des Universums an die Stelle der Unidirektionalität der Ausdehnung gesetzt werden muß. Anders gefragt, wie, mit welchen real existierenden Kräften, kann die durch Beobachtung nachgewiesene und damit als Tatsache bestätigte beschleunigte Expansion erklärt werden? Gibt es dafür eine rationale Erklärung, die ohne Zuhilfenahme unwirklicher, irrationaler Fiktionen auskommen kann? – Ja, es gibt sie.

Um sie abzuleiten, müssen mehrere Einzelschritte gegangen werden, die am Ende zu einer geschlossenen Hypothese zusammengefaßt werden können.

Zunächst ist im einfachen Falle anzunehmen, daß das Universum einer Schwingung (Oszillation) unterliegt, das heißt, nach einer Ausdehnungsphase bis zu einem Maximum (Amplitude) kontrahiert es wieder bis zu einem Minimum, um sich dann wieder auszudehnen. Das Universum „pulsiert" um einen Gleichgewichtszustand, den es auf Grund der Bewegung nicht einnehmen wird. Es wird niemals statisch sein. Die Beschleunigung ist dann mit der Annahme erklärbar, daß sich das Universum derzeit einige Winkelgrade nach dem Minimum befindet.

Was bedeutet das? Was heißt, „einige Winkelgrade nach dem Minimum"?

Jede Schwingung läßt sich als Projektion einer ebenen, gleichförmigen Kreisbewegung auf eine in der Kreisebene liegende Achse darstellen. Angenommen, der Radius eines Kreises drehe sich mit konstanter Winkelgeschwindigkeit ω um den Kreismittelpunkt. Der Endpunkt dieses Radius bewegt sich deshalb mit konstanter tangentialer Geschwindigkeit $\omega \cdot r$ auf dem Umfang des Kreises entlang. Dieses Bewegungsgebilde werde nun auf die Achse eines kartesischen Koordinatensystems projiziert, die sich in der Ebene des Kreises befindet. Dies sei die Ordinate. So wird auf der Ordinate der Kreisdurchmesser abgebildet, und der rotierende Endpunkt des Radius wandert auf diesem Durchmesser von einem Ende zu anderen und zurück. Bei jeder vollen Umdrehung des Radius wandert er vom Ausgangspunkt zum einen Ende, von dort bis zum anderen Ende und wieder zum Ausgangspunkt zurück. Die Abszisse des Koordinatensystems werde durch den Kreismittelpunkt senkrecht auf die Ordinate gelegt. An ihr sei die Zeit t abgetragen, die fortschreitend während der Radiusdrehung abläuft (Bild 3). Den Winkel, den der Radius zur Ausgangsposition einnimmt, nennen wir α, die Winkelgeschwindigkeit sei $\omega = const$. Aus dem Zusammenhang $\alpha = \omega \cdot t$ ist also der Winkel eine der Zeit t proportionale Größe. Es werde festgelegt, wenn der Radius auf der Abszisse liegt, sei der Winkel $\alpha = 0$. Nach einer vollen Umdrehung des Radius durchschreitet er den Winkelbereich von 0 bis 2π (oder 0 bis 360°). Die Aufzeichnung des Radiusendpunktes auf der Abszisse beschreibt eine Sinuskurve. Betrachten wir von dieser Kurve das Minimum, erkennt man, daß der Radiusendpunkt dahinter eine Beschleunigung erfährt, die nach dem Minimum am größten ist und bis zum Nulldurchgang anhält. Das ist der uns interessierende Bereich. In dieser Schwingungsphase (Elongation) befindet sich gegenwärtig das Universum.

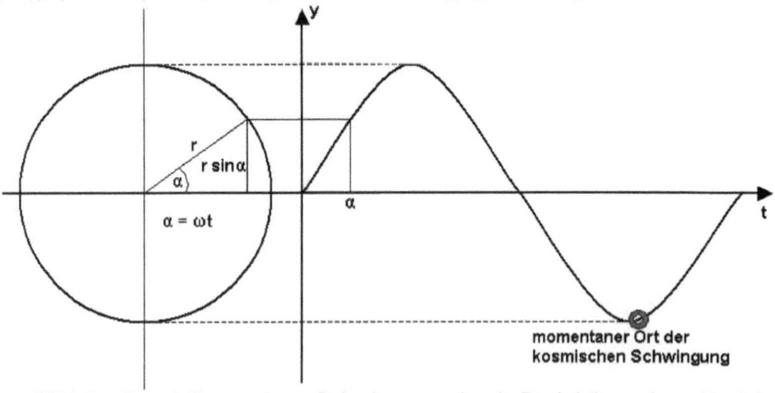

Bild 3: Darstellung einer Schwingung durch Projektion einer Kreisbewegung

`++*+*

Natürlich ist diese Darstellung stark vereinfacht. Im Universum wird sich diese Schwingung nicht in einer Ebene, sondern im Raum vollziehen. Mit dieser räumlichen Vorstellung ließe die Oszillation auch Erklärungen für die Geometrie des Universums zu. Aber noch immer haben wir keine Kraft erklärt, die der Gravitation entgegengerichtet ist und so die beschleunigte Expansion erklären kann.

Es erscheint sinnvoll, nach den Kräften zu suchen, die diese Oszillation um den Gleichgewichtszustand steuern. Zieht man dazu jedoch nur die allgemeine Gravitation in Betracht, kommt ein oszillierendes Universum nicht zustande. Wenn man von der ominösen, nicht zu beweisenden „dunklen Materie“ Abstand nimmt, gäbe es neben der Gravitation nur noch eine Kraft, mit der die Expansion erklärt werden könnte, die Massenträgheit der Materie nach dem Urknall. Wie aber schon festgestellt, wäre damit die Beschleunigung der Expansion nicht erklärbar, weil durch die Gravitation die träge Massenbewegung verlangsamt, nach einer endlichen Zeit beendet, dann in eine Kontraktion umkehren und schließlich das Universum in sich zusammenfallen würde. Eine Schwingung oder Pulsation kann auf diese Weise nicht entstehen. Es muß folglich zur Gravitation, wie oben schon ausgeführt, eine Gegenkraft existieren, die in einem dynamischen Gleichgewicht den Schwingungsprozeß aufrechterhalten kann.

Eine plausible und zugleich einfache rationale Erklärung für die Existenz einer der Gravitation entgegenwirkenden Kraft ist die Annahme, daß das Universum einer Rotation unterliegt. Damit entstehen Zentrifugalkräfte, die mit der Gravitation zusammen ein dynamisches Kräftegleichgewicht bilden.

Diese alles überspannende Rotation erzeugt als Folge die allgemeine Zentrifugation, die mit der Gravitation ein dynamisches Kräftegleichgewicht bildet, das wegen der Inhomogenitäten der Materieverteilung im Universum ständiger Veränderung unterliegt. Diese alles überspannende Rotation wird überlagert durch die lokalen Rotationen der kosmischen Objekte, Galaxien und Sternensysteme im Bezugssystem des rotierenden Universums. Deren Rotation ist als Folge der allgemeinen Zentrifugation anzusehen und wird durch sie initiiert. Alle Galaxien und Sternensysteme rotieren in sich, weil sie sich in einem rotierenden Bezugssystem befinden. Ohne Rotation des Universums würden sie nicht rotieren, und ohne Rotation könnten sie nicht dauerhaft bestehen, wie auch ohne Rotation das Universum nicht dauerhaft bestehen könnte; und schon gar nicht könnte es beschleunigt expandieren. Warum aber rotieren alle Galaxien? Geht man von einem Urknall aus und läßt zudem die Annahme zu, daß die Galaxien auf einer bestimmten „Entwicklungsstufe“ entstanden seien, könnten sie nicht rotieren, weil außer den radialen Trägheitsbewegungen und der allgemeinen Gravitation keine Kräfte existierten, die eine solche Rotation aus der radialen Bewegung heraus in Gang setzen könnten.

Dies läßt aber nur den einzigen Schluß zu: Das Universum rotiert. Wenn es aber rotiert, zwingen die dabei auftretenden Corioliskräfte alle kosmischen Objekte zur Eigenrotation. Dabei müssen Corioliscverschiebungen auftreten, die von den zu erwartenden Rotationscharakteristiken abweichen, die bei fehlender Rotation des Universums vorliegen müßten. Gelänge es, in den lokalen Rotationsbewegungen der Galaxien die durch die Gesamtrotation des Universums zwingend hervorgerufenen Coriolisverschiebungen nachzuweisen, wäre dieses Bewegungsmodell bestätigt. Auf Grund der Starrheit der gegenwärtigen Kosmologie – im Sinne des axiomatischen Festhaltens an der Urknallhypothese um jeden Preis – liegt durchaus die Vermutung nahe, daß solche Abweichungen bereits bei verschiedenen Beobachtungen gemessen worden sind, jedoch nicht als Coriolisverschiebungen interpretiert, sondern etwa als Meßunsicherheiten beiseite gelegt worden sind. Eine nachträgliche Überprüfung solcher etwaiger Meßunsicherheiten erwiese sich als zweckdienlich.

Was ist das? Was ist eine Corioliskraft?

Die Corioliskraft ist eine Kraft, die auf einen Körper wirkt, der sich in einem rotierenden Bezugssystem bewegt. Sie ist benannt nach dem französischen Mathematiker und Physiker Gaspard Gustave de Coriolis (1792-1843), der sie 1835 erstmals mathematisch ableitete. Sie ist eine Scheinkraft, die nur in rotierenden Systemen existiert. Für einen Beobachter außerhalb des rotierenden Systems existiert sie nicht.

Man stelle sich im vereinfachten Fall eine rotierende Scheibe S vor, auf der sich eine Masse m befindet, die an einem Seil im Rotationszentrum der Scheibe befestigt ist. Weiter sei angenommen, die Masse m sei gegenüber der Scheibe reibungslos, ferner sei das System im Gleichgewicht, was heißen soll, Scheibe und Masse rotieren mit gleicher Geschwindigkeit um das Rotationszentrum der Scheibe, die Masse verbleibt somit auf einem rotierenden Radius der Scheibe. Auf die Masse wirkt folglich die Zentrifugalkraft p_f, die durch die entgegenwirkende Zentripetalkraft p_p des Seiles kompensiert wird. Damit befindet sich die Masse relativ zur Scheibe in Ruhe und verbleibt auf der Scheibe in einem fixierten Punkt.

Was geschieht nun, wenn in diesem Zustand das Seil verlängert wird? Durch die Zentrifugalkraft auf Grund der Rotation wird sich die Masse nach außen bewegen und einen längeren Rotationsradius einnehmen. Dies ist jedoch nur ein Teil der entstehenden Bewegung. Die Masse wird den Radius der Scheibe, auf dem sie war, entgegen der Rotationsrichtung der Scheibe verlassen, weil sie wegen der Trägheit ihre tangentiale Geschwindigkeit (die Umlaufgeschwindigkeit $\omega \cdot r$) des ursprünglichen Radius beibehält, sich nun aber auf einem längeren Umfang bewegt. Für den Beobachter im rotierenden System existiert also scheinbar eine Kraft, welche der Masse eine Bewegungskomponente gibt, die nicht aus der Zentrifugalkraft, sondern aus der Trägheit der Masse m erklärt werden kann. Das ist die Corioliskraft (Bild 4). Um die Masse zu zwingen, auf dem bisherigen Radius zu verbleiben, ist eine tangentiale Kraft in Rotationsrichtung erforderlich, welche die tangentiale Geschwindigkeit der Masse erhöht, das heißt, die Masse beschleunigt. Bei Verkürzung des Seiles sind die beschriebenen Vorgänge umgekehrt und die notwendige Kraft ist entgegengesetzt. Damit ist die Corioliskraft als eine Trägheitskraft definiert. Sie existiert nur in beschleunigten oder rotierenden Bezugssystemen. Sie wirkt senkrecht zur Bewegungsrichtung des Objektes, im Beispiel der Masse m. Und sie wirkt senkrecht zur Rotationsachse des Bezugssystems, im Beispiel der Scheibe S. Sie ist demzufolge ein Vektor der Größe

$$\vec{F}_c = 2 \cdot m \cdot (\vec{v} \times \vec{\omega})$$

mit m – Masse des bewegten Körpers
$\vec{v}$ – radialer Geschwindigkeitsvektor der Masse m
$\vec{\omega}$ – Winkelgeschwindigkeitsvektor der Rotation der Scheibe.
$\vec{v} \times \vec{\omega}$ – Vektorprodukt aus Rotationsgeschwindigkeit und Radialgeschwindigkeit.

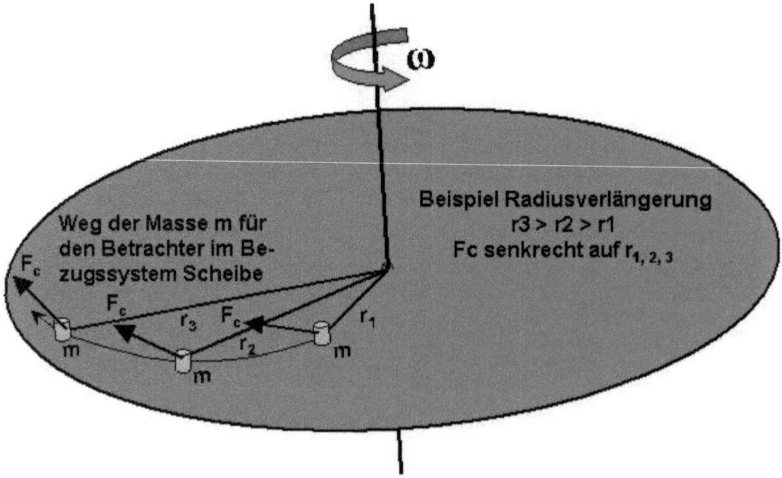

Bild 4: Darstellung einer ebenen Coriolisverschiebung

Befindet sich nun auf der Scheibe ein aus einzelnen Masseelementen bestehendes lokal rotierendes Objekt, dessen Elemente mit einer konstanten Kraft auf ihren Rotationsbahnen gehalten werden, so werden zu diesen Kräften die Corioliskräfte vektoriell addiert, wodurch es zu einer elliptischen Verformung der Rotationsbahnen kommen muß, weil an verschiedenen Punkten des lokalen Systems unterschiedliche Corioliskräfte wirken. Es ist auch nachweisbar, daß in einem zuvor nicht rotierenden lokalen System durch die Corioliskräfte eine Rotation initiiert wird, sobald sich das System auf der Scheibe radial zu bewegen beginnt, denn an der Innenseite des lokalen Systems, das heißt, in den Punkten mit dem kürzeren Radius zur Scheibenmitte, sind die Umlauflängen der Massenelemente kleiner als an der Außenseite. Durch diese Asymmetrie entsteht für das lokale System ein Drehmoment. Nach Beginn der lokalen Rotation wird das Drehmoment durch unterschiedliche Radialgeschwindigkeiten und damit verschiedener Corioliskräfte an den senkrecht zum Radius liegenden Seiten des lokalen Systems unterstützt, eine Seite bewegt sich nach außen, die andere aber nach innen.

Diese Erscheinung kann man an der Erdoberfläche beobachten. Zum Beispiel werden bei einem Fluß, der auf der nördlichen Halbkugel nach Süden fließt, die westlichen Uferseiten ausgewaschen, weil das Wasser auf den nach Süden hin länger werdenden Breitenkreisen eine Beschleunigung erfahren muß, um im Flußbett zu verbleiben. Diese Beschleunigung wird ihm durch die Flußbettbegrenzung gegeben. Bei einem nach Norden fließenden Fluß werden die östlichen Uferseiten ausgewaschen, weil das Wasser auf den nach Norden hin kürzer werdenden Breitenkreisen gegenüber der Erddrehung durch die Flußbettbegrenzung abgebremst wird. Die Analyse dieser Erscheinungen erklärt auch, warum sich in der Atmosphäre die Luftmassen um Hochdruckgebiete auf der Nordhalbkugel im Uhrzeigersinn drehen, um Tiefdruckgebiete jedoch gegen den Uhrzeigersinn. Die Luftströmungen in Tiefdruckgebieten zum Beispiel sind wegen des Druckgefälles nach innen gerichtet, dadurch werden sie nach rechts abgelenkt, wodurch die gegen den Uhrzeigersinn gerichtete Drehung entsteht. Auch die Drehungen, die man in abfließenden Strudeln, zum Beispiel in einer Badewanne, beobachten kann, sind mit Hilfe der Corioliskräfte erklärt. Die Strömung des Wassers ist zur Abflußöffnung hin gerichtet, deshalb entsteht auf der nördlichen Halbkugel durch die Corioliskräfte ein Drehmoment gegen den Uhrzeigersinn. Auf die Erde bezogen hat die Corioliskraft auch eine vertikale Komponente. Ein senkrecht herabfallender Körper wird gegen die Wirkungsrichtung der Gravitationskraft nach Osten abgelenkt, weil die Rotationsbahnen des Körpers, auf denen er um die Erde läuft, näher zur Erde kürzer sind und der Körper wegen seiner trägen Masse die Tangentialgeschwindigkeit beibehält. Diese Verschiebung ist vom Breitengrad abhängig: Am Äquator ist sie am größten, an den Polen ist sie Null. Obwohl diese Abweichungen gering sind, müssen sie zum Beispiel bei der Treffpunktberechnung von Geschossen und Flugkörpern berücksichtigt werden. Auch beim Start und bei der Landung von Satelliten müssen diese Abweichungen bei der Bestimmung der Zielkoordinaten eingerechnet werden.

++*+*

Analoge Vorgänge, die auf Corioliskräfte zurückzuführen sind, müssen auch im Universum ablaufen, wenn man es als rotierend ansieht. Solchen möglichen Beobachtungsergebnissen vorgreifend könnte die folgende triviale Überlegung stehen. Es gibt im Universum kein einziges Objekt, das nicht einer Rotation unterliegt. Alles rotiert, nur das Universum nicht? Mit diesem Postulat würde ja das Universum losgelöst von sich selbst dargestellt. Woher sollte die Rotation der Objekte kommen, wenn das Universum nicht rotiert? Die entgegengesetzte Überlegung wäre folgende. Würde das Universum nicht rotieren, gäbe es keine Corioliskräfte, damit könnten auch die kosmischen Objekte nicht rotieren, weil die rotationsauslösende Kraft nicht vorhanden wäre. Bei der Explosion eines Punktes – nichts anderes soll ja der Urknall sein – sind alle Kräfte radial vom Explosionszentrum weg gerichtet. Andere Richtungen sind nicht möglich, weil eine Kraft, deren Ursprung ein Punkt ist, keine andere Richtung zuläßt. Der Beweis dafür ist elementar. Wenn eine Rotation entstehen soll, müßten weitere nichtradiale Kräfte vorhanden sein. Die Ursachen für solche Kräfte lägen dann aber außerhalb des Explosionszentrums, kämen also nicht ursächlich aus der Explosion. Oder aber das Explosionszentrum war kein Punkt, sondern ein Raum. Der aber soll ja nach Ansicht der Urknalltheoretiker zum Zeitpunkt der Explosion noch gar nicht existiert haben. Aus diesen Überlegungen ergibt sich zwingend der Schluß, das Universum als rotierend ansehen zu müssen, weil auf andere Weise die Rotationsbewegungen der kosmischen Objekte nicht erklärbar sind.

Daß diese Rotation bisher noch nicht in Betracht gezogen wurde, mag einen ganz einfachen, beinahe trivialen, Grund haben. Die gesamte gegenwärtige Kosmologie, wie auch die der letzten 60 bis 80 Jahre, sieht den Urknall als Axiom an. Dieses Axiom darf auf gar keinen Fall in Frage gestellt werden. Um aber ohne Rotation die tatsächlichen Bewegungen der kosmischen Objekte interpretieren zu können, kommt man nicht umhin, auf transzendente, irrationale Mittel zurückzugreifen, die völlig fern von logischen Überlegungen sind, und mit denen man realitätsfremde, den Naturgesetzen widersprechende Spekulationen anstellt. Es werden Kräfte erdacht, deren Ursprung in der „dunklen Materie“ vermutet wird. Es fehlt aber jede Möglichkeit, eine Aussage über die Herkunft, den Charakter und die Art und Weise dieser Kräfte wie auch der „dunklen Materie“ überhaupt zu erbringen. Folglich müssen sie zurechtgerechnet werden, bis sie einigermaßen mit der Realität in Übereinstimmung gebracht sind. Das hat wenig gemeinsames mit einer wissenschaftlichen Methode. Wiederum wird sichtbar, daß die Urknallhypothese ein unüberwindliches Hindernis für weiterreichende Forschungsarbeiten in der Kosmologie ist.

Die Annahme einer Gesamtrotation des Universums darf jedoch nicht den Fehlschluß initiieren, es müsse ein ortsfestes Zentrum des Universums geben, eine Art Rotationsachse. Es muß als sicher angenommen werden, daß das Rotationszentrum selbst einer vierdimensionalen Bewegung in Raum und Zeit unterliegt, die durch ständig veränderliche Inhomogenitäten in der Massenverteilung hervorgerufen wird. Diese Veränderung der Lage und der Richtung des Rotationszentrums ist chaotisch.

In allen bisher erarbeiteten Theorien gibt es kein brauchbares Postulat für eine der Gravitation entgegenwirkende Kraft, die einen kosmischen Gesamtkollaps ausschließen könnte. Die „dunkle Materie“ ist keines, da man ihre Existenz nicht beweisen kann und zudem völlig unklar ist, auf welche Weise sie eine der Gravitation entgegenwirkende Kraft hervorbringen sollte. Eine solche Kraft muß aber existieren, das zeigen alle im Universum zu beobachtenden Bewegungen, die keinen Hinweis auf einen Kollaps ergeben. Der gegenwärtig etablierte Ausweg auf die Definition sogenannter „dunkler Energie“ oder „dunkler Materie“ ist eine nicht beweisbare Fiktion. Auch die eventuelle Annahme, es könnte sich um die Trägheitsbewegung handeln, der die Materie nach dem Urknall folgt, muß wegen der experimentellen Bestätigung der Expansionsbeschleunigung verworfen werden. Zudem müßte unter dieser Annahme das Universum nach einer Endzeit wieder in eine Singularität zusammenfallen.

Um diese Widersprüche zu lösen, hatte Einstein die Idee einer kosmologischen Konstanten eingebracht, mit der diese universelle Abstoßung rechnerisch begründet wurde, eine Annahme, mit der die Expansionsbeschleunigung verdeutlicht werden konnte. Die physikalische Herkunft der universellen Abstoßung konnte jedoch auch mit der kosmologischen Konstanten nicht erklärt werden. Dennoch war die Idee genial, denn sie kongruiert mit der Annahme einer allgemeinen Rotation des Universums, die zu einer allgemeinen Zentrifugation führt – eben diese universelle Abstoßung. Daß Einstein von einer Konstanten ausging, ist damit zu erklären, daß er das Universum als statisch ansah. Eine solche Kongruenz der kosmologischen Konstanten mit einem rotierenden Universum kann jedoch unter dem axiomatischen Festhalten an der Annahme der Existenz eines Urknalls nicht sichtbar gemacht werden, weil die ihm zwingend folgende radiale Expansion der Materie von einer Gesamtrotation frei wäre. Möglicherweise wäre aber mit der kosmologischen Konstanten schon viel früher die Schlußfolgerung über ein rotierendes Universum entstanden. Mit der Definition der „dunklen Materie“ wurde die kosmologische Konstante, die sich etwa ein Jahrzehnt hielt, dann wieder verworfen, obwohl sie eine bessere Erklärung als die „dunkle Materie“ geliefert hätte. Da Einstein jedoch von einem statischen Universum ausging, eliminierte er damit seine Idee selbst. Die Annahme eines statischen Universums kann man als philosophischen Irrtum Einsteins interpretieren. Denn in der Raumzeit ist die Materie in ständiger Bewegung, was alle Beobachtungen kosmischer Objekte belegen. Es ist deshalb völlig auszuschließen, daß das Universum als ganzes statisch ist. Die Bewegung ist eine der gesamten Materie innewohnende Grundeigenschaft, Materie ohne Bewegung gibt es nicht.

Diese Aussage ergibt sich auch aus dem Hubble-Gesetz $v = H(t) \cdot d$. Darin ist v die häufig *Fluchtgeschwindigkeit* genannte Expansionsgeschwindigkeit der kosmischen Objekte im Raum zur kosmischen Zeit t in der Entfernung d. Aus der Gegenwartszeit t_0 ergibt sich die Hubble-Konstante $H_0 = H(t_0)$. Zur Ermittlung der Hubble-Konstanten wurden über viele Jahre hinweg zahlreiche Messungen mit nachfolgenden Berechnungen an beobachteten Objekten vorgenommen. Dabei zeigten sich jedoch erhebliche Differenzen für die an verschiedenen Objekten in unterschiedlichen Entfernungen durchgeführten Berechnungen. Um das Jahr 2000 herum ermittelte man Werte zu 15...30 km/(s · Mio. Lichtjahre). Neuere Berechnungen geben 64,8...74,6 km/(s · Mpc) an, das sind 19,9...22,9 km/(s · Mio. Lichtjahre). Verschiedene Autoren deuten diese differierenden Ergebnisse als Meßunsicherheiten wegen ungenauer Bestimmung der Entfernungen zu den Objekten und wegen verschiedener Methoden der Messung.

Unter der Annahme einer allgemeinen Zentrifugation lassen sich diese Differenzen jedoch als gesetzmäßig interpretieren, weil in verschiedenen Bereichen des Universums, aus denen die Meßwerte erlangt wurden, auch unterschiedliche Bedingungen für die Zentrifugation vorliegen, folglich auch unterschiedliche Werte für die Hubble-Konstante entstehen müssen. Die Werte sind also nicht prinzipiell „ungenau“, vielmehr müssen sie entsprechend den Bedingungen der vermessenen Objekte in der Raumzeit unterschiedlich sein. Eine berechnete Hubble-Konstante kann deshalb nicht für das Universum insgesamt gelten, vielmehr ist sie von der im vermessenen Raumbereich vorherrschenden Zentrifugation abhängig.

<u>Was sind das für Meßgrößen? Wie kann man sie verständlich machen?</u>

15 km/(s · Mio. Lichtjahre) bedeutet, daß je Millionen Lichtjahre Entfernung die Expansionsgeschwindigkeit der kosmischen Objekte um

15 km/s zunimmt. Diese Entfernungen entsprechen aber auch einem Blick in die Vergangenheit. Die Informationen, die wir aus diesen Entfernungen beziehen, sind ja so viele Jahre alt, wie das Licht benötigt hat, uns als Beobachter zu erreichen. Man kann also aus diesen Entfernungen keine aktuellen, heute vorliegenden, Angaben erhalten. Die kann man nur rechnerisch erlangen, indem die Zeit mit Hilfe einer Extrapolation vorausgerechnet wird. Das kann recht gut gelingen, indem man Meßreihen anfertigt, die die Veränderungen über einen Zeitraum festhalten, mit dem endlich Bewegungstendenzen erkannt werden. So kann man den mit solchen Messungen erhaltenen Hubbleparameter H(t) auf die heutige Zeit als $H_0 = H(t_0)$ umrechnen. Das aber wird um so ungenauer, je größer die Entfernungen der beobachteten Objekte sind, weil eine lineare Extrapolation der Bewegungsgesetzmäßigkeiten der kosmischen Objekte mit zunehmender Entfernung immer mehr an Wahrheitsgehalt verliert.

Um mit den riesigen Entfernungen, mit denen man es im Universum zu tun hat, rechnerisch vernünftig umgehen zu können, was heißen soll, daß man Zahlen erhält, die lesbar und erfaßbar sind, kann man nicht mit den irdischen Längenmaßen Meter und Kilometer rechnen. Man verwendet das Lichtjahr (LJ), das ist die Entfernung, die ein Lichtquant im Vakuum in einem Jahr zurücklegt. Rechnerisch wären das 300.000 km/Sekunde · 3600 Sekunden/Stunde · 24 Stunden/Tag · 365,25 Tage/Jahr. Das ergibt einen Wert von 9.467.280.000.000 km/Jahr, also knapp 10 Billionen km/Jahr. Das sind Zahlengrößen, mit denen der Mensch nur mit großen Schwierigkeiten umgehen kann. Auch wenn wir dafür 10^{16} m schreiben, ist es nicht sonderlich anschaulicher. Neben dem Lichtjahr wird noch eine weitere Größe verwendet: Die Parallaxensekunde. 1 Parallaxensekunde (kurz Parsec, Einheitenzeichen pc) ist die Entfernung, aus der 1 Astronomische Einheit (AE), das ist der mittlere Abstand Sonne–Erde (149,6 Mio. km ≈ 8,3 Lichtminuten), unter dem Bogen einer Winkelsekunde erscheint (Bild 5). Das bedeutet

$$\begin{aligned}1\ \text{pc} &= 1\ \text{AE}/\tan(1/3600^0) = 1\ \text{AE}/4{,}848 \cdot 10^{-6} = 206.264{,}8\ \text{AE}\\ &= 30.857.215.014.323{,}854\ \text{km} = 3{,}259\ \text{LJ (Lichtjahre)}.\end{aligned}$$

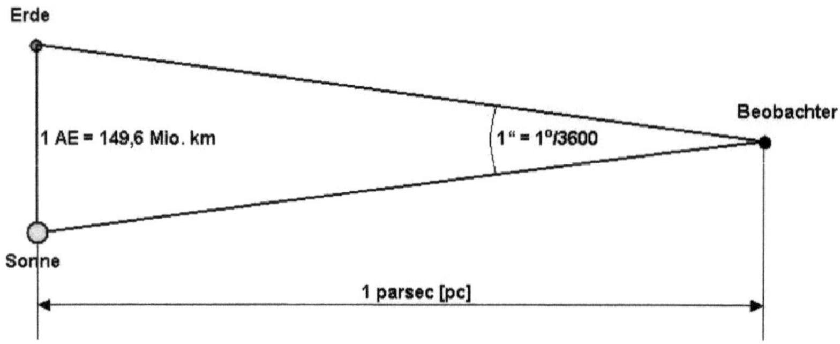

Bild 5: Schematische Darstellung für das Entfernungsmaß Parsec

++*+*

5. Was folgt aus dem Schwingungs- und Rotationsmodell?

Eine neue Art Denken ist notwendig,
wenn die Menschheit weiterleben will.
Albert Einstein

Aus den obigen Darstellungen folgt eine ultimativ notwendige Entscheidung: Wenn in lokalen Rotationen kosmischer Objekte Coriolisverschiebungen, die bei einer Gesamtrotation zwingend vorhanden sein müßten, bei der radialen Expansion aber nicht vorhanden sein könnten, nachgewiesen werden können, muß sich das Universum in Rotation befinden. Das aber schließt die „Entstehung“ des Universums durch einen Urknall aus. Wenn es aber keinen Urknall gegeben hat, dann gibt es auch keine „Entstehung“ des Universums, heißt, das Universum war immer da, es hat ewigen Bestand.

Das Festhalten an der Urknallhypothese verhärtet die Stagnation der Forschung. Der Knoten ist nur auflösbar, indem die Bereitschaft eingebracht wird, die gegenwärtig etablierte Wurstphilosophie, nach der all und jedes einen Anfang und ein Ende haben müsse, zu verlassen. Es gibt in der Natur Kategorien, die keinen Anfang gehabt haben und kein Ende haben werden, die also ewig sind. Zu diesen Kategorien zählen die Raumzeit und die in ihr existierende, sich bewegende Materie. Es ist schon reichlich unbegreiflich, einen „Anfang“ der Zeit zu postulieren, noch verworrener erscheint aber eine neuerlich geäußerte These Stephen Hawkings (geb. 1942 in Oxford), nach der sinngemäß „vor“ dem Urknall – wie auch immer man das verstehen soll – die Zeit rückwärts gelaufen und somit das Universum implodiert sei. Ausführlicher will ich auf solche und andere Kuriositäten etwas später im Abschnitt 13 eingehen.

Unter der Annahme der allgemeinen Rotation befindet sich das Universum in unserer weiträumigen Umgebung gegenwärtig in einer Expansionsphase, die sich nach einer endlichen Zeit in eine Kontraktionsphase umkehren wird, um nach einer weiteren halben Periode wieder zu expandieren. Diese Schwingung (Oszillation) des Universums ist ein ewiger Zyklus, der seinen Antrieb im Kräftegleichgewicht der allumfassenden Gravitation mit der allgemeinen Zentrifugation hat. In dieser Darstellungsweise ist vorstellbar, daß die allgemeine Zentrifugation des Universums kein Gesamtprozeß ist, sondern in Teilbereiche zerfällt, in denen großräumige Rotationen zu verzeichnen sind, die einander durchdringen, sich ständig verändern und neu formen. So könnte die häufig geäußerte Ansicht der Existenz mehrerer „paralleler Universen“ erklärt werden, ein irritierender Begriff, dem ich nicht folgen mag.

Nach meinen Vorstellungen kann man bildlich ausgedrückt die Bewegung des Universums ähnlich einem Wolkengebilde beschreiben, das frei von einem definierbaren Rotationszentrum ist und sich doch in alles umfassender Rotation befindet. Die gesamte Bewegung trägt chaotischen Charakter, der seinen Ursprung in den Inhomogenitäten der Materie hinsichtlich Verteilung und Struktur hat.

Eine solche Betrachtungsweise des Universums sagt aus, daß die Zeit keinen Anfang hat. Der Raum ist nicht entstanden, er existiert. Es gibt in der Raumzeit die ewige Bewegung von Masse und Energie, wodurch letztlich beide immerwährender Veränderung unterliegen. Die Bewegung wird durch die der Materie innewohnenden Kräfte aufrechterhalten. Die ständige Wechselbeziehung zwischen Masse und Energie beinhaltet die fortwährende Entstehung und Aufhebung von Strukturen der Materie, also der Elementarteilchen, der Atomkerne, der Atome und schließlich der Moleküle sowie auch komplexer Strukturen, daß heißt, das immerwährende Aufbauen und Zerstören der Daseinsformen der Materie, das begleitet wird von Energiestrahlungsvorgängen im gesamten Universum in allen Richtungen. Diese Strahlung wird in der Kosmologie mit der Bezeichnung *Hintergrundstrahlung* geführt. Diese Hintergrundstrahlung, die von George Gamow (1904-1968) vorhergesagt und 1965 von Arno Penzias (geb. 1933 in München) und Robert Wilson (1927-2002) mit einem Radioteleskop gefunden wurde, ist nicht als Relikt, als Überbleibsel aus einer „Entstehung“ des Universums zu sehen, vielmehr ist sie ein ständiger, die Bewegung der Materie begleitender Prozeß. Die allgegenwärtige Strahlung verdeutlicht, daß die Bewegung der Materie sowohl die Ortsveränderung der Objekte in der Raumzeit, als auch die Strukturveränderung der Masse durch die Wirkung der Energie beinhalten muß. Masse, Energie und Strahlung sind Materie, ihre Bewegung ist die Evolution.

Mit diesem Denkmodell sind fast alle Paradoxa, die dem Urknallgedanken innewohnen, aufgehoben. Alle sogenannten "Beweise" für die Urknalltheorie sind schließlich daraus abgeleitet und auf den Umstand „zugeschnitten“, daß die Unidirektionalität der Universumsbewegung als Axiom angesehen wird, fußen also auf einer falschen Ausgangsannahme. Die völlig spekulativen Konstrukte der „dunklen Energie“ und der „dunklen Materie“, die schon durch die Trennung der Energie von der Materie zweifelhaft sind, erübrigen sich dadurch. Was bedeutet denn „dunkle Energie“ und „dunkle Materie“? Die Definition der „dunklen“ Materie in der Kosmologie ist auf einer höheren Ebene ein ganz ähnlicher Vorgang, wie er sich bei der Entstehung des Glaubens vollzogen hat: Unbegreifliche, mit dem vorhandenen Wissen nicht erklärbare Phänomene werden auf transzendente, übernatürliche Kräfte ausgelagert, um auf diese Weise eine Erklärung zu ermöglichen. Solche transzendenten Kräfte tragen stets Unverständliches in sich, weil sie auf Grund fehlender Kenntnisse erdacht werden, unrealistisch sind und die beabsichtigten Erklärungen der Phänomene auf reine Vermutungen stellen. Ein solches Herangehen ist wissenschaftsfern. Es stellt die Wirkungsprinzipien der Naturgesetze in Frage und verhindert dadurch die zielgerichtete, auf Beobachtung, Messung und Berechnung gestützte Forschungsarbeit. Jeder wissenschaftlichen Methode wird auf diese Weise der Boden entzogen. Die wissenschaftliche Methode wird gegen die spekulative Vermutung aufgewogen und ihr in der Bedeutung gleichgestellt. Die spekulative Vermutung ist deshalb aber nicht als etwas grundsätzlich Verwerfliches anzusehen, aber sie kann nur als ein Vorausdenken, als das Äußern einer vorläufigen Idee akzeptiert werden, die eine mögliche Richtung für die weitere Forschung anzeigt, in der dann durch Beobachtung, Messung und Berechnung die Idee entweder bestätigt oder aber widerlegt wird. Eine Idee ohne Überprüfung als Wahrheit festzusetzen, kann zu keiner Erkenntnis, zu keinem Wissenszuwachs führen.

Alle existierenden und gegenwärtig anerkannten Theorien über die Bewegungen in der Raumzeit beweisen die Zusammenhänge zwischen den vier Universumskoordinaten, beweisen die Relativität von Raum und Zeit, und sie beweisen die Zusammenhänge zwischen der Raumzeit und der Bewegung, nicht aber, daß die Zeit eine vektorielle Größe ist, das heißt, einen Nullpunkt hat, und auch nicht, daß der Raum entstanden ist, das heißt, daß Materie Energie ohne Masse und ohne Raum war. Sie beweisen auch nicht, daß Energie keine Materie ist. Energie existiert nicht ohne Masse, daraus folgt, wo Energie ist, ist auch Masse und umgekehrt, die Wechselbeziehung zwischen Masse und Energie ist Strahlung. Strahlung ist die Ausbreitung von Energie und folglich auch Masse in der Raumzeit. Deshalb gibt es keine Materie ohne Raumzeit.

6. Der Urknall und die Schöpfungsidee

> Wer sich nicht mehr wundern und in Ehrfurcht verlieren kann, ist seelisch bereits tot.
> Albert Einstein

Die Folge dieser Denkstruktur ist jedoch zwingend, daß auf Grund der Ewigkeit der Existenz der Materie in der Raumzeit, das heißt, auf Grund des Fehlens eines Anfangs von Materie und Raumzeit, der Schöpfungsidee die Grundlage entzogen wird. Es gibt keine Schöpfung, kein Entstehen des Universums, es gibt permanente, ewige Evolution. In diesem Grundgedanken, der sich gegen die Schöpfungsidee richtet, ist der heftige Widerstand der katholischen Lehre gegen jede der Urknallhypothese widersprechende Denkweise begründet.

Die Schöpfungsidee fußt darauf, daß es ein Bewußtsein außerhalb der durch Evolution der Materie entstandenen Intelligenz gibt, also einen Schöpfer, einen Gott oder auch mehrere Götter. Es sind dies jedoch keine objektiven Kategorien, es ist der im Verlaufe der Evolution der Intelligenz entstandene Glaube in dem Bestreben, die umgebende Welt zu verstehen. Diesen übermateriellen Bewußtseinsformen, die durch die sich entwickelnde Intelligenz erschaffen wurden, werden alle Vorgänge im Bestreben der Erklärung der Welt zugeordnet, für die auf der jeweiligen Entwicklungsstufe keine (oder noch keine) rationale Erklärung existiert. Die Intelligenz aber ist nichts außermaterielles, sie ist an Materie gebunden, sie ist ein Evolutionsergebnis der Materie – das Gehirn. (7)

Noch eine fatale Folge hat das Schwingungs- und Rotationsmodell. Das Bestreben der sich entwickelnden Intelligenz nach Erklärung der umgebenden Welt wird Lücken erhalten. In einer jeweiligen Entwicklungsphase nicht erklärbare Vorgänge können nicht mehr auf überirdische, auf außermaterielle Lenkung „ausgelagert“ werden, da es keine gibt. Das Weltbild der Intelligenz wird nur so vollkommen sein, wie es der aktuelle Entwicklungsstand zuläßt. Auf viele Fragen wird es langfristig oder dauerhaft keine Antwort geben. Wenn wir auf eine Frage eingestehen müssen, wir wissen es nicht, so ist durchaus legitim, eine Idee zu äußern, wie es denn sein könnte. Eine solche Idee aber ohne weitere Nachprüfung als Tatsache

„festzulegen“, ist ein Vorgang, der in der Wissenschaft nicht anerkannt werden kann.

Weltbild im ursprünglichen Sinne bedeutet, die Intelligenz bildet die Welt ab, dies gelingt ihr nur im Maße ihres erreichten Evolutionsgrades, der sich fortschreitend vervollkommnet, ohne jedoch jemals ein absolut vollständiges Bild erlangen zu können. Die absolute, vollständige Erkenntnis gibt es nicht.

Begibt man sich hier in eine tiefere Analyse dieser Gedanken, so gelangt man zu einer Grundfrage, die ganz ähnlich anmutet, wie die weiter oben erörterte Frage über das Huhn und das Ei. Was war zuerst da, was ist primär, die Materie oder die Intelligenz, das Sein oder das Bewußtsein? Wenn es, wie weiter oben dargestellt, zu Huhn und Ei, wie auch zu Bewegung und Raumzeit keine sinnreiche Erklärung für ein Primat gibt, weil den Fragen selbst der rationale Sinn fehlt, so liegen die Dinge hier ganz anders. Denn in der Frage Sein und Bewußtsein, Materie und Intelligenz, ist es als Tatsache zu erkennen, daß eines aus dem anderen folgen kann, ohne daß das andere schon aus dem einen hervorgegangen sein muß. Die Frage ist, kann es Materie geben, ohne daß eine Intelligenz existiert, oder kann es eine Intelligenz geben, ohne daß Materie existiert? Der zweite Teil der Frage ist bereits in sich widersprüchlich, weil ja durch die weiter oben getroffenen Feststellungen die Möglichkeit der Entstehung der Materie aus „Nichts“ eine sehr deutliche Widerlegung erfahren hat. Die Frage insgesamt entzieht sich aber im Gegensatz zu den anderen beiden Fragen nicht der Beantwortung, und so wird sie von zwei verschiedenen Positionen aus unterschiedlich beantwortet.

- Die eine Position ist: Es gibt eine Intelligenz vor oder außerhalb der Materie. Durch diese Intelligenz ist die Materie geschaffen worden. Durch diese Intelligenz werden alle Vorgänge, Prozesse, Bewegungen und Entwicklungen der Materie gesteuert.

- Die andere Position ist: Es gibt die Materie vor der Intelligenz. Die Bewegung der Materie beinhaltet die Evolution, welche die Intelligenz hervorbringt. Die Intelligenz bildet die Materie ab, erforscht sie und tritt zu ihr in Wechselwirkung.

Die erstgenannte Position ist Grundhaltung jeder Religion. Es gibt Götter oder einen Gott, der als Weltenschöpfer alle Prozesse lenkt und nach dessen Willen sich alle Entwicklung vollzieht. In der Philosophie heißt diese Position Idealismus. Die zweitgenannte Position ist die Grundhaltung des Atheismus. Die Existenz von Göttern wird nicht angenommen. Alle Entwicklung vollzieht sich durch die Bewegung der Materie, welche die Intelligenz hervorbringt. Die Wechselwirkung der Intelligenz mit der Materie, die zwischen beiden bestehenden Widersprüche sind die Triebkraft für die Entwicklung. In der Philosophie heißt diese Position Materialismus.

Die Urknallhypothese ist eine Position des Idealismus. Sie geht davon aus, daß das Universum insgesamt das Ergebnis eines Entstehungs- oder eines Schöpfungsaktes ist, die Evolution erfolgt teilweise außerhalb der Naturgesetze oder nach dem Willen des Schöpfers, die Entwicklung auf der Grundlage der Naturgesetze und der darin wirkenden Kräfte wird nur begrenzt zugestanden. Die aus dieser Hypothese entstandene Urknalltheorie verkörpert die Bemühung, die Schöpfungsidee mit den Naturkräften in Übereinstimmung zu bringen. Mit dieser Aufgabe befassen sich mehrere Generationen von Kosmologen, Astrophysikern, Physikern und Philosophen. Sie konnten jedoch bis zur Gegenwart nur begrenzte Erfolge erreichen, weil eine große Zahl praktisch nachgewiesener Tatsachen nicht in der Theorie unterzubringen ist und gegen sie spricht. Alle Versuche, die Urknalltheorie zu beweisen, sind nicht gelungen und müssen als gescheitert angesehen werden.

7. Die sogenannten Beweise für die Urknalltheorie

Seit die Mathematiker über die
Relativitätstheorie hergefallen sind,
verstehe ich sie selbst nicht mehr.
Albert Einstein

In der Fachwelt gibt es eine große Zahl Arbeiten, in denen Befürworter der Urknalltheorie mehr oder minder intensiv um Beweise bemüht sind. Die große Vielfalt solcher Arbeiten versperrt die Möglichkeit, sie im Rahmen dieses Buches alle analysieren zu können. Dazu sind es ganz einfach zu viele. Aber man kann beim Studium solcher Arbeiten eine allgemeine Grundrichtung erkennen. Alle Arbeiten haben Gemeinsamkeiten, die darin bestehen, Annahmen zu formulieren, die einen Urknall voraussetzen. Unter Verwendung dieser Annahmen werden Berechnungen vorgenommen, deren Ergebnisse dann als Beweise für die Existenz eines Urknalls ausgelegt werden. Diese Grundrichtung will ich mit Zitaten am Beispiel einer Arbeit Ralph Michael Papes zeigen, die er im Januar 2000 an der Fakultät Physik der Universität Karlsruhe Im Hauptseminar „Der Urknall und seine Teilchen“ vorgelegt hatte. (14)

Nach einer kurzen Charakteristik der Urknall-Hypothese stellt Pape eingangs die Frage „Gibt es Beweise für dieses Modell?“ und beantwortet sie mit „Ja“. Nachfolgend tritt er dann in die Beweisführung ein.

Im ersten Abschnitt befaßt sich Pape mit dem Hubble-Gesetz. Dabei knüpft er daran an, daß in den 1920er Jahren durch astronomische Messungen die Auffassung Einsteins über ein statisches Weltall widerlegt wurde.

Pape:
„Dies wurde Ende der 20er Jahre von Edwin Hubble in dem Hubble-Gesetz zusammengefaßt. Es besagt, daß jede Galaxie mit einer Geschwindigkeit von uns zurückweicht, die in hohem Maße proportional zu ihrer Entfernung ist. Es gilt

$$v = H(t) \cdot d$$

wobei v die Fluchtgeschwindigkeit, d die Entfernung der Galaxie, t die kosmische Zeit und H der Hubble-Parameter ist. Er ändert sich mit der Entwicklung des Weltalls, also mit der Zeit t. $H(t_0)$, t_0 bedeutet heute, heißt Hubble-Konstante.

Der Wert der Hubble-Konstanten ist nur ungefähr bekannt. Die Fluchtgeschwindigkeiten der Galaxien lassen sich sehr genau über die Dopplerverschiebung der Spektrallinien in dem von den Galaxien ausgesandten Licht bestimmen. Die Entfernungen der Galaxien hingegen lassen sich nur sehr schwer bestimmen. In der Regel werden sie über eine Reihe indirekter Methoden gemessen."

Pohl:
Diese Erklärung für die „Ungenauigkeit" der Hubble-Konstanten ist nicht schlüssig. Die Konstante ist nicht kosmoseinheitlich bestimmbar, weil es für die Rotation des Universums keinen festen Rotationspunkt oder keine feste Rotationsachse gibt. Dieses Denkmodell aber läßt Pape gar nicht zu. Er geht unkommentiert von einer radialen Bewegung nach einem Urknall aus, in der solche Abweichungen nicht erklärbar sind. Tatsächlich bestehen für jede beobachtete Messung andere Bedingungen. Bei der Rückrechnung auf t_0 entstehen deshalb für jedes vermessene Objekt andere Werte. Die Diskrepanzen bestehen also nicht in unzulänglichen Meßergebnissen, sondern im Wesen der Messungen, weil die Bedingungen für jedes vermessene Objekt andere sind. Die Hubble-Konstante gilt nicht für das gesamte Universum, sondern nur für den Bereich, in dem gemessen wird. De facto ist es keine Konstante, sondern ein raumgebietsabhängiger Parameter.

Pape:
„Es ergibt sich eine bis auf ungefähr den Faktor 2 sichere Hubble-Konstante von

$$H(t_0) \approx (15 \text{ bis } 30)\ \text{km/s} \cdot \text{Millionen Lichtjahre}.$$

Der kleinere Wert für H wird von vielen Wissenschaftlern bevorzugt. Damit kann man das Alter des Weltalls auf ca. 20 Milliarden Jahre schätzen."

Pohl:
Ist hier schon die Urknalltheorie widerlegt, für die ja das Weltalter mit 13,7 Milliarden Jahren ermittelt wurde? Oder könnte man vielleicht eine Hubble-Konstante „hinzimmern", mit der man dann dieses Alter bestätigen könnte? Die Altersberechnung, die in der Arbeit

nicht vorgenommen wird, geht ja, wie weiter oben gezeigt, von einer linearen Expansion des Universums aus. Diese Fehlinterpretation steht aber bei den Messungen den tatsächlichen kosmischen Bewegungen gegenüber. Unvermeidlich, daß es dabei zu Differenzen kommen muß. Ich bin mir recht sicher, daß die Astronomen, die solche Werte ermittelt haben, alle mit höchstmöglicher Genauigkeit gearbeitet haben. Die aufgefundenen Unterschiede können durchaus real sein und den tatsächlichen Gegebenheiten entsprechen. Aber mit der Urknalltheorie können sie mit Sicherheit nicht erklärt werden. Und ein Beweis für die Urknallexistenz steht bis hierher noch immer aus.

<u>Pape:</u>
„Die Hubble-Expansion, die dem Hubble-Gesetz folgt, kann man sich anhand des folgenden Bildes vorstellen.

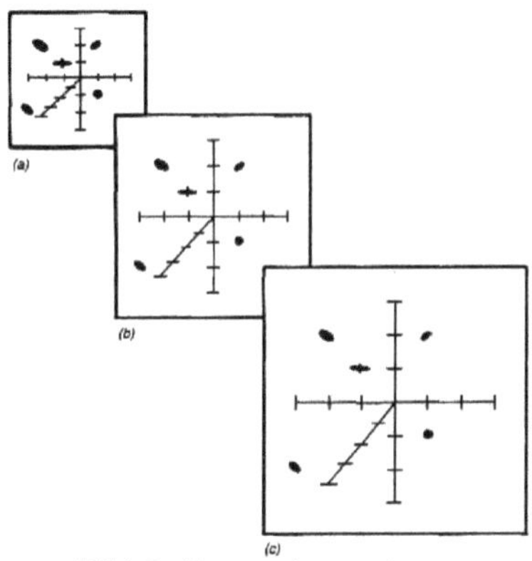

Bild 6: Expansionsschema

Die drei Bilder sollen aufeinanderfolgende Momentaufnahmen einer Region im Weltall darstellen. Jedes Bild ist eine Vergrößerung des vorhergehenden, wobei alle Entfernungen um den selben Prozentsatz vergrößert sind. Alle Galaxien sind annähernd gleichwertig und mehr oder weniger gleichmäßig im Weltraum verteilt. Bei der Entwicklung des Systems von Diagramm (a) über (b) nach (c) vergrößern sich alle intergalaktischen Abstände, so daß Formen und Anordnungen gleich bleiben.“

<u>Pohl:</u>
Das ist eine nahezu nichtssagende Anschaulichkeit. Sie geht von einer linearen Expansion des Universums aus, die sehr zu bezwei-

feln ist. Wenn es nämlich keinen Urknall gegeben hat, ist dieser Bewegungsstatus entweder gar nicht möglich oder rein zufällig. Die Existenz eines Urknalls, die Pape mit seiner Arbeit nach eigenen Aussagen beweisen will, wird bis hierhin als unumstößliche Tatsache stillschweigend und kommentarlos festgelegt, aber nicht bewiesen.

Im zweiten Abschnitt wird dann auf die sogenannte Urknall-Nukleosynthese Bezug genommen.

<u>Pape:</u>
„Eine starke Unterstützung erfährt das Urknall-Modell durch Untersuchungen zur Ursynthese der Atomkerne, d. h., zur Entstehung der Elemente. Enorm hohe Temperaturen sind notwendig, um Elemente aus Protonen und Neutronen synthetisieren zu können. Derartige Temperaturen herrschten ca. 1 s nach dem Urknall.

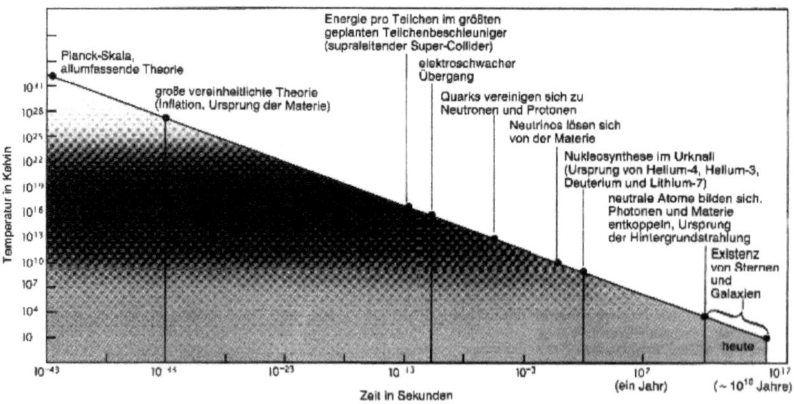

Bild 7: Geschichte des Weltalters

In obigem Bild ist die Thermische Geschichte des Weltalters, die hier 10^{-43} Sekunden nach dem Urknall beginnt und bis zur Gegenwart andauert, dargestellt. Es zeigt u. a., daß der größte Teil von Helium-4, Helium-3, Deuterium und Lithium-7 im Universum etwa eine Minute nach dem Urknall synthetisiert wurde. Die schwereren Elemente wurden erst einige Millionen bis Milliarden Jahre später im Inneren der Sterne erzeugt.“

Pohl:
In dieser Grafik aus (1) ist an einer logarithmischen Zeitachse von 10^{-43} bis 10^{17} s als Abszisse und in der Ordinate von 1 bis 10^{34} Kelvin unter dem Namen „Thermische Geschichte des Weltalters" ein Werdegang der Teilchenentstehung eingetragen, der an keiner Stelle eine bewiesene Tatsache zeigt, sondern auf reiner Vermutungsbasis die Teilchen entstehen läßt. Alle diese nicht bewiesenen Annahmen werden ohne Beweis kurzerhand als Axiom angesetzt. Es ist durch nichts belegt, daß eine solche Synthese auf diese Weise stattgefunden hat. Das Bild ist eine Fiktion, die aufgestellt wurde, wenn man voraussetzt, daß es den Urknall gegeben habe. Aber mit der Voraussetzung, daß es ihn gegeben habe, kann man ihn nicht beweisen.

Außerdem scheint die Zeitachse fehlerhaft zu sein, denn die Zeitspanne von ca. 10^{10} bis 10^{15} s wird als „heute" bezeichnet. Umgerechnet umfaßt dies jedoch die Zeit von etwa 3200 Jahren bis 320 Millionen Jahre nach dem Urknall. „Heute" wäre aber nach den offiziellen Angaben 13,7 Milliarden Jahre nach dem Urknall. Schon aus dieser zeitlichen Deklaration heraus ist die Grafik nicht glaubwürdig.

Pape:
„Wir wollen nun berechnen was im Laufe der Ursynthese geschehen ist. Als das Universum eine Temperatur T größer als 10^{10} K hatte, war das Universum gefüllt mit einem Plasma, zum größten Teil bestehend aus Elektronen und Positronen. Zu dem Zeitpunkt als das Universum 1 s alt war, hatte es eine Temperatur von $T \approx 10^{10}$ K."

Pohl:
Die angekündigte Berechnung findet man vorerst nicht. Statt dessen findet man gleich drei spekulative Festlegungen ohne Beweis, von denen danach alles weitere ausgeht:

- „...als das Universum 1 s alt war, hatte es eine Temperatur von $T \approx 10^{10}$ K..." - eine rein hypothetische Annahme, die speziell so festgelegt ist, damit sie auf die existierende Materiezusammensetzung paßt. Änderte man die Zeit oder die Temperatur nur um weniges, entstünden in der Folge ganz andere Zusammensetzungen. Zudem wird von der Behauptung ausgegangen, daß das Universum zu einem Zeitpunkt 1 s alt gewesen sei. Dazu müßte der Urknall stattgefunden haben. Das jedoch soll ja erst bewiesen werden.

- „...Als das Universum eine Temperatur T größer als 10^{10} K hatte..." - niemand kann sagen, daß es das jemals gegeben hat, weil hierfür wiederum der Urknall vorausgesetzt werden muß. Seine Existenz soll aber nicht vorausgesetzt, sondern bewiesen werden.
- „...Plasma, zum größten Teil bestehend aus Elektronen und Positronen..." - eine unbegreifliche Vermutung, unvereinbar mit dem Masse-Energie-Äquivalent.

Alle weiteren Berechnungen sind damit als Beweisführungsmittel praktisch schon gegenstandslos, weil sie auf Annahmen fußen, die weder theoretisch noch durch Beobachtung oder Experiment bestätigt, sondern allesamt nur herbeigeredet worden sind.

Weiter Pape im selben Absatz:
„Dies entspricht einer Energie von $kT \approx 1$ MeV."

Pohl:
Die Aussage ist also 10^{10} K entsprächen 1 MeV. In dieser Behauptung befinden sich elementare physikalische Unklarheiten. Dem Leser wird hier eine „Tatsache" vorgesetzt, die man doch wohl erst untersuchen muß. Zumindest muß abgeleitet werden, wie es denn dazu kommt. Möglicherweise so:

Die Boltzmann-Konstante (man läßt hier den Leser raten, worum es sich bei k handelt, nirgends ist das erklärt) erlaubt die Berechnung der mittleren thermischen Energie eines Teilchens aus der Temperatur. Ihr Wert beträgt

$$k = 1{,}381 \cdot 10^{-23}\ \text{J/K} = 8{,}617 \cdot 10^{-5}\ \text{eV/K}$$

Bei einer angenommenen Temperatur von 10^{10} K ist damit die mittlere thermische Energie

$$kT = 8{,}617 \cdot 10^{-5}\ \text{eV/K} \cdot 10^{10}\ \text{K} = 8{,}62 \cdot 10^{6}\ \text{eV} = 8{,}62\ \text{MeV},$$

und nicht, wie behauptet, 1 MeV. Soviel zum Zahlenwert.

Wie man aber nun diese mittlere thermische Energie mit der Existenz der Teilchen zusammenbringen kann, ist ungeklärt. Die nachfolgenden Berechnungen sind deshalb Fiktionen, die allein stehen und keinen Bezug zur der zu beweisenden „Realität" haben. In den nun folgen Berechnungen werden diese Spekulationen als Tatsachen verwendet, und mit weiteren falschen Zahlen wird ein Wert für die im heutigen Universum vorherrschende Heliumhäufigkeit zu $Y = 0{,}25$ herausarbeitet.

Pape:
„Da die Bindungsenergie von Deuterium nur 0.26 MeV beträgt, konnte die Urknall-Nukleosynthese erst bei der Temperatur von $T \approx 10^9$ K, was der Energie von $kT \approx 0,26$ MeV entspricht, beginnen."

Pohl:
Auch diese Zahl ist falsch, es sind 0,86 MeV, was mit dem gleichen Rechenweg wie oben leicht nachprüfbar ist. Nach diesen Berechnungen wird dann die folgende Feststellung getroffen:

Pape:
„Aus obiger Rechnung können wir ersehen, das zwei glückliche Umstände zu unserem heutigen Universum geführt haben:

1. die Zerfallszeit des Neutrons von ca. 10 Minuten
2. die 100 s die zwischen $T \approx 10^{10}$ K und $T \approx 10^9$ K liegen."

Pohl:
Woher kennt man denn die Zeit aus 2.? Es ist wiederum eine reine Vermutung, die als Tatsache präsentiert wird. Und mit der Variierung dieser Zeit kann man alles so zurechtrücken, daß es auf die heute existierende Materiekonfiguration paßt, aber den Urknall als Fakt, als Tatsache, kann man damit nicht beweisen.

Etwas später befaßt sich Pape dann mit der kosmischen Hintergrundstrahlung, die auch als Beweis für die Existenz des Urknalls herangezogen wird:

Pape:
„Doch wie kam es nun zur Hintergrundstrahlung?
Als das Universum ungefähr 100 000 Jahre alt war, war seine Temperatur so weit gefallen, daß die in der Urknall-Nukleosynthese entstandenen Kerne Elektronen einfangen konnten und somit die Photonen keine Streupartner mehr hatten. So geriet das thermische Gleichgewicht zwischen den Teilchen der Materie und der Strahlung ins Wanken. Die Strahlung entkoppelte von der Materie und das Universum wurde für Strahlung durchlässig. Dadurch, daß die Photonen nun keine Streupartner mehr hatten, blieb die Photonenzahl im Universum erhalten. Die Hintergrundstrahlung, die wir heute empfangen, ist zu dieser Zeit entstanden."

Pohl:

Das ist sehr abenteuerlich. In diesem kurzen Absatz werden 9 unbewiesene Postulate vorausgesetzt und wie Tatsachen verwendet:

- „...das Alter von 100.000 Jahren...", es setzt den Urknall voraus, der ja erst bewiesen werden soll, aber das Universum hat kein Alter, es existiert.
- „...der Temperaturabfall...", er kann nur vor sich gehen, wenn der Urknall als Tatsache angesehen wird, die aber kann man nicht voraussetzen, um sie zu beweisen.
- „...die in der Urknallsynthese entstandenen Kerne...", diese Synthese ist nicht bewiesen, weil ja der Urknall noch nicht bewiesen ist.
- „...die Photonen keine Streupartner mehr hatten...", dieser Zusammenhang ist wohl aus der Luft gegriffen.
- „...das Gleichgewicht zwischen Materieteilchen und Strahlung ins Wanken...", es geht hier um das Gleichgewicht von Masse und Energie, es besteht auch heute, es kann nicht „wanken", es kann nur in verschiedenen Übergangsphasen sein. Außerdem: „Materieteilchen und Strahlung", wieder wird die Strahlung aus der Materie herausgenommen.
- „...die Strahlung entkoppelte von der Materie...", was ist jetzt das? Schon wieder Energie außerhalb der Materie? Einstein würde hier sicher Grundsatzfragen stellen, etwa so, wie ich sie im Abschnitt 2. dargestellt habe. Masse, Energie und Strahlung sind Materie, Strahlung ist Masse oder Energie, weil Masse ein Äquivalent zur Energie ist.
- „...das Universum wurde für die Strahlung durchlässig...", es wurde nicht, es ist schon immer Strahlungsträger gewesen, Strahlung ist überall allgegenwärtig, weil sie immer die Wechselbeziehung von Masse und Energie begleitet.
- „...die Photonenzahl blieb erhalten, weil sie keine Streupartner mehr hatten...", der Autor läßt immer wieder erkennen, daß er Masse und Energie trennen und die Energie aus der Materie herauslösen will, beides sind aber Existenzformen ein und derselben Kategorie: der Materie (siehe Abschnitt 2).
- „...die Hintergrundstrahlung stammt aus dieser Zeit...", sie „stammt" nicht aus einer Zeit, sie ist immer da, auch heute, wegen des Gleichgewichtes zwischen Masse und Energie.

Der gesamte Absatz ist lediglich eine Aufzählung vieler Vermutungen, die sein könnten, wenn man gelten läßt, daß das Universum aus einer „reinen" Energieexplosion entstanden ist. Aber das ist ja gerade das Problem. Der Urknall käme aus Energie ohne Masse und ohne Raum. Weiter oben (Abschnitt 2) wurde deutlich gemacht, daß dies nicht möglich ist. Deshalb kann auch die Strahlung zu keiner Zeit als Folge einer wiederum nur vermuteten Teilchenentwicklung zu einem bestimmten „Weltalter" angesehen werden, und schon gar nicht kann sie als Beweis für einen Urknall dienen.

Mit einem vereinfachten, vergleichenden Beispiel will ich zu verdeutlichen versuchen, was bis hierher getan worden ist. Ein Beweisführender, ich nenne in B, sagt, ein Sack Zement wiege 50 kg. Nun beginnt B zu rechnen. Nach korrekter Ausführung eines Rechenvorgangs, der auf diesem Ausgangswert aufsetzt, erhält er das Ergebnis: 100 Sack Zement wiegen 5 t. Nun kommt ein anderer, ich nenne ihn A. Er sagt, hier könne etwas nicht stimmen, er habe schon immer 100 Sack Zement auf einem Transporter mit 2 t Nutzlast befördert. Er überprüft den Sack und stellt fest, er wiegt 20 kg. B aber sagt, er habe nach richtiger, korrekter Ausführung einer Berechnung für 100 Sack Zement 5 t erhalten. Somit sei bewiesen, daß 1 Sack Zement 50 kg wiege. Wo ist der Fehler? Er besteht im axiomatischen Festhalten am nichtbewiesenen Ausgangswert. Man möge mir nachsehen, daß ich die Begriffe „wiegen" und „kg" hier in der alltagsüblichen Unkorrektheit verwendet habe.

Obwohl Pape bis zum Ende seiner Arbeit nichts zum Beweis der Urknallhypothese beitragen konnte, werden dann, so als wäre nun alles andere geklärt, vier Fragen zusammengestellt, die auch aus seiner Sicht mit der Urknall-Theorie nicht beantwortet werden können. Nachfolgend die Fragen und einige kurze Kommentare dazu.

<u>Pape:</u>
„1. Warum ist das Verhältnis der Anzahl der Photonen zur Anzahl der Protonen und Neutronen ausgerechnet etwa 10^{10}?"

<u>Pohl:</u>
Die Frage wird man nicht beantworten können. Analog könnte man auch fragen, warum ist der Erddurchmesser 12.756 km?

<u>Pape:</u>
„2. Auf welche Weise wurde das Weltall großräumig gesehen so homogen oder war es von Anfang an so?"

Pohl:
Das Weltall ist nicht im mindesten homogen. Es war nie homogen und es wird auch nicht homogen werden. Es gibt Regionen mit relativ stabilen Sternsystemen innerhalb einer endlichen Zeitspanne, es gibt Regionen, in denen die Materie eine extrem geringe Dichte hat, und es gibt Regionen, in denen die Materie zu einer extrem hohen Dichte zusammenläuft, so daß schwarze Löcher und weiße Zwerge entstehen. Und die Galaxien sind entgegen anderen Behauptungen überhaupt nicht gleichmäßig im Universum verteilt. Die Frage ist also falsch gestellt und völlig gegenstandslos.

Pape:
„3. Warum lag die Massendichte im jungen Weltall so außerordentlich dicht bei der kritischen Dichte?"

Pohl:
War sie das? Das weiß man doch gar nicht. Das kann man nur annehmen, wenn man den Urknall als Axiom hinnimmt. Daran aber scheitert das Problem. Und ohne eine solche Annahme ist die Frage völlig uninteressant.

Pape:
„4. Gibt es einen physikalischen Ursprung für die primordialen Dichtestörungen, die zur Entwicklung der Galaxien geführt haben?"

Pohl:
Ja, natürlich. Es ist die allgemeine chaotische Bewegung der Materie. Durch sie kommt es immerwährend zu Dichteschwankungen, die auch primordialer Art sein können, zum Beispiel beim Entstehen und Vergehen schwarzer Löcher, bei der Explosion von Supernovae und auch bei der Materiekontraktion zu weißen Zwergen. Die zentralen Kräfte Gravitation und Zentrifugation bilden den Antrieb für diese Bewegungen und führen letztendlich zur Entstehung der Galaxien. Aber zur Urknalltheorie hat diese Frage gar keinen Bezug.

Pape:
„Die Standard-Urknalltheorie bietet für diese Fragen keine Antwort. Sie nimmt statt dessen das Verhältnis Photonen zu Protonen und Neutronen, die großräumige Homogenität, die Nähe der Massendichte an der kritischen Dichte und die primordialen Dichtestörungen als Anfangsbedingungen an."

Pohl:

Das heißt, vereinfacht ausgedrückt, man nimmt die Hauptvermutungen für die Existenz des Urknalls, von denen einige falsch sind, als Anfangsbedingungen für Berechnungen, setzt sie auf die rein spekulative These über eine lineare Expansion der gegenwärtig festgestellten Universumsbewegung auf, rechnet mit diesem fehlerhaften Apparat mittels linearer Extrapolation einen Nullpunkt der Expansion aus und sagt dann, damit sei die Existenz des Urknalls bewiesen. Das ist doch kein anderes Herangehen als das in dem oben dargestellten Beispiel über die Berechnung der Zementsäcke. Durch die ganze Arbeit zieht sich wie ein roter Faden ein logisches Dilemma: Es wird der Urknall vorausgesetzt, dann werden Werte zusammengestellt, die unter dieser Voraussetzung entstehen könnten, mit diesen Werten werden dann Berechnungen ausgeführt, mit denen man logischerweise zu dem Schluß gelangen muß, es habe einen Urknall gegeben, und nun wird postuliert, seine Existenz sei damit bewiesen. Genau darin liegt der Grundirrtum in dieser und in mehreren anderen Arbeiten der gleichen Zielstellung, die ich aufmerksam durchgelesen habe. Und es sind beileibe nicht nur diese vier Fragen, die man mit der Urknalltheorie nicht beantworten kann.

8. Von Quasaren, schwarzen Löchern und Singularitäten

Man hat den Eindruck, daß die moderne
Physik auf Annahmen beruht, die irgendwie
dem Lächeln einer Katze gleichen, die gar nicht da ist.
Albert Einstein

In diesem Abschnitt sollen kosmische Objekte besprochen werden, die in unserer Vorstellungswelt einen besonderen Platz einnehmen, weil es im Zusammenhang mit ihnen um Größenordnungen geht, die dem Menschen im allgemeinen Probleme bereiten, sie rational zu erfassen.

Die Existenz der Quasare im All ist etwa seit den 1950er Jahren bekannt. Der Begriff Quasar leitet sich vom englischen „quasi-stellar radio source“, frei übersetzt eine „sternartige Radioquelle“, ab. Als Quasar bezeichnet man den Kern einer weit entfernten aktiven Galaxie, die im Lichtbereich punktförmig wie ein Stern erscheint, tatsächlich aber eine Galaxie ist, die auf Grund ihrer großen Entfernung nicht als Sternhaufen erkennbar ist. Aktive Galaxie heißt sie, weil sie mehr Energie abstrahlt, als durch ihren Sternenbestand erklärbar ist. Sie strahlt in nichtsichtbaren Wellenbereichen enorme Energiemengen ab. Die großen Entfernungen wurden anhand der Rotverschiebungen festgestellt, auf diese Weise wurden sie wegen der Expansion des Universums als Galaxien erkannt. Um eine Massebestimmung vornehmen zu können, benutzt man die Tatsache der Äquivalenz von Schwerefeld und Gravitationsfeld, die Einstein mit der allgemeinen Relativitätstheorie nachgewiesen hat. Galaxien können so gesehen als Gravitationslinsen wirken, weil durch ihre Gravitation Licht abgelenkt wird. So ergab sich im Jahre 2010 die Entdeckung des 1,6 Milliarden Lichtjahre entfernten Quasars SDSS J0013+1523, der als Gravitationslinse für eine 5,9 Milliarden Lichtjahre dahinter liegende Galaxie wirkte. Daraus konnte man auf die Masse des Quasars schließen.

Viele Berechnungen führten zu der heute gültigen Annahme, daß sich im Zentrum aller Galaxien ein sehr massereiches schwarzes Loch befindet, das mehrere Millionen bis Milliarden Sonnenmassen umfassen kann (ausführlicher über das schwarze Loch etwas später). Wegen der dadurch bestehenden ungeheueren Gravitation wird durch das schwarze Loch ständig Masse akkretiert (*lat. accretio* = Zunahme, Akkretion bedeutet: Wachstum durch Anlagerung), die aber wegen des Drehimpulses nicht sofort in das schwarze Loch sinkt, sondern darum herum eine Akkretionsscheibe bildet, die sehr hell erscheint und die Leuchtkraft mehrerer Milliarden Sterne erreichen kann. Die hellsten Quasare erreichen Leuchtstärken um das 10^{14}fache unserer Sonne.

Wieviel ist das denn? Kann man es begreifbar darstellen?

Unter Leuchtkraft der Sonne kann man vereinfacht ihre Strahlungsleistung verstehen, die sie in den Raum abstrahlt. Diese Strahlung geht von der Sonne radial in alle Richtungen. Dabei kann man hinreichend genau voraussetzen, daß die Strahlungsdichte je Flächeneinheit in allen Richtungen die gleiche ist. Nur ein sehr geringer Teil davon wird in Richtung Erde gesendet. An der Erdoberfläche kommt davon wiederum nur der Teil an, der nicht durch die Atmosphäre aufgenommen wird.

Durch Messungen und hinreichend genaue Extrapolation ist ein Wert von 1,36 kW ermittelt worden, der bei senkrechter Einstrahlung auf einen Quadratmeter oberhalb der Erdatmosphäre einfällt. Diesen Wert nennt man Solarkonstante $S = 1{,}36\ kW/m^2$. Der Wert kann mit hoher Genauigkeit als konstant angesehen werden, weil der Abstand Sonne–Erde während des gesamten Umlaufs annähernd gleich bleibt. Streng genommen ist die Erdumlaufbahn eine Ellipse. In einem der Brennpunkte befindet sich die Sonne. Die Exzentrizität[1)] der Erdumlaufbahn beträgt jedoch nur $\varepsilon = 0{,}25429$, die Bahn ist also fast kreisförmig. Die größte Sonnenentfernung beträgt 152,1 Millionen km (Aphel), die kleinste 147,1 Millionen km (Perihel). Daraus ergibt sich ein mittlerer Bahnradius von 149,597 Millionen km. Die Abweichungen vom Mittelwert betragen 1,67 %

[1)] Was ist Exzentrizität? Wie wird sie berechnet?

Exzentrizität ist ein Maß der Abweichung der Ellipsenform vom Kreis. Man unterscheidet die lineare und die numerische Exzentrizität. Im vorliegenden Fall wird die numerische Exzentrizität verwendet. Sie wird aus der Beziehung

$$\varepsilon = e/a$$

berechnet. Darin ist

e	die Brennweite, das ist der Abstand des Fokus F_1 oder F_2 vom Mittelpunkt M,
a	die große Halbachse MA oder MC.

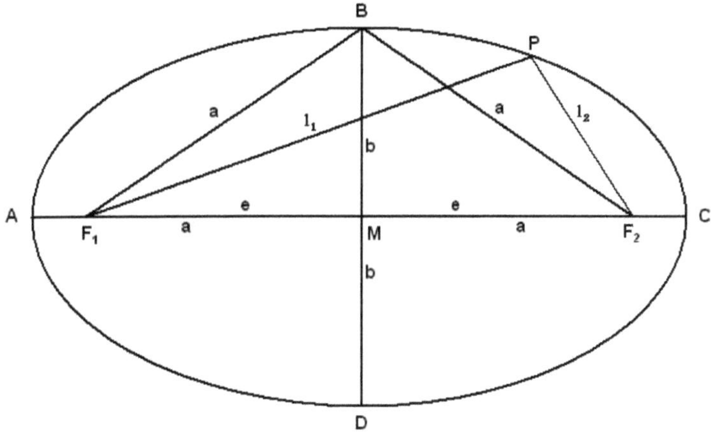

Bild 8: Ellipse

Je mehr sich die Ellipsenform dem Kreis annähert, desto näher liegen die Fokusse F_1 und F_2 am Mittelpunkt M. Fallen sie in M zusammen, ist aus der Ellipse ein Kreis geworden. Die Exzentrizität ist dann Null, weil e = 0 geworden ist.

Aus der Definition der Ellipse findet man $a^2 - b^2 = e^2$. Diese Brennweite e oben eingesetzt, ergibt

$$\varepsilon = \frac{\sqrt{a^2 - b^2}}{a} = \sqrt{1 - \left(\frac{b^2}{a^2}\right)}$$

Das heißt, die numerische Exzentrizität ε liegt zwischen 0 und 1,

näher 0	für weniger elliptisch, wenn also b gegen a geht, kreisförmig für b = a,
näher 1	für stark elliptisch, wenn also b gegen 0 geht.

Für den Wert ε = 0,25429 unseres Beispiels ergibt sich aus obiger Beziehung b = 0,967 · a, das heißt, a und b unterscheiden sich um etwa 1,67 Prozent.

++*+*

Man rechnet für den Abstand Erde–Sonne im allgemeinen mit einem gerundeten Wert von 149,6 Millionen km. Diese Entfernung heißt Astronomische Einheit (AE). Aus diesem Wert und der Solarkonstanten kann man nun mit folgendem Rechengang die Gesamtenergieabstrahlung der Sonne berechnen. Zunächst berechnet man die Oberfläche der Kugel mit dem Radius r = 1 AE (Bild 9).

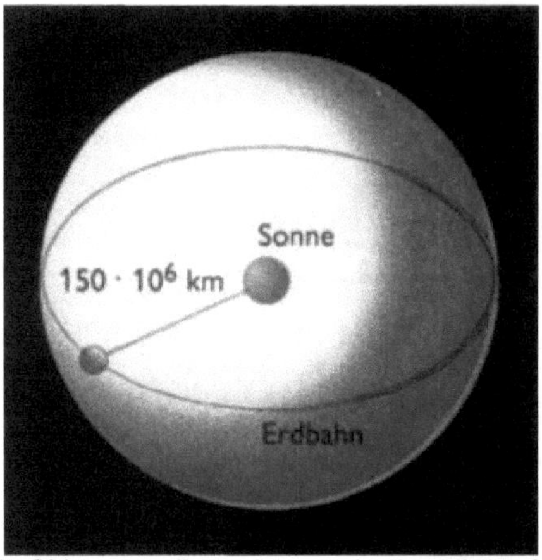

Bild 9: Skizze zur Berechnung der Leuchtkraft (15)

Das heißt 1 AE = $149{,}6 \cdot 10^9$ m. Die Oberfläche ist also

$$O = 4 \cdot \pi \cdot AE^2 = 4 \cdot \pi \cdot (149{,}6 \cdot 10^9)^2 \text{ m}^2 = 281{,}2 \cdot 10^{21} \text{ m}^2.$$

Die gesamte Energieabstrahlung der Sonne beträgt somit

$$E = O \cdot S = 281{,}2 \cdot 10^{21} \text{ m}^2 \cdot 1{,}36 \text{ kW/m}^2$$
$$= 382{,}5 \cdot 10^{21} \text{ kW} = 3{,}83 \cdot 10^{26} \text{ W}.$$

Nach dem Masse-Energie-Äquivalent $E = m \cdot c^2$ sind Ruhemasse und die Energie ineinander umrechenbar. In Zahlen:

$$1 \text{ g} = 5{,}61 \cdot 10^{26} \text{ MeV} = 8{,}987 \cdot 10^{13} \text{ Ws oder}$$
$$1 \text{ Ws} = 1{,}11265 \cdot 10^{-17} \text{ kg}$$

Daraus ergibt sich die pro Sekunde von der Sonne durch Energie abgestrahlte Masse zu

$$m_a = 3{,}83 \cdot 10^{26}\ \mathrm{W} \cdot 1{,}11265 \cdot 10^{-17}\ \mathrm{kg/Ws}$$
$$= 4{,}26 \cdot 10^{9}\ \mathrm{kg/s} = 4{,}26 \cdot 10^{6}\ \mathrm{t/s}.$$

Das heißt, die Sonne strahlt je Sekunde etwa 4 Millionen Tonnen Masse in den Raum.

Die oben genannten hellsten Quasare mit 100 Billionen Sonnenleuchtstärken strahlen also unter der Annahme ähnlicher Strahlungseigenschaften je Sekunde $4{,}26 \cdot 10^6 \cdot 10^{14} = 4{,}26 \cdot 10^{20}$ t Masse ab. Ein Wert, den man sich nicht vorstellen kann. Um ihn zu verdeutlichen, stellen wir die nachfolgende Überschlagsrechnung an.

Die Sonne hat eine Masse von $1{,}99 \cdot 10^{30}$ kg. Das sind 332.946 Erdmassen. Diese Zahl kann aus der Jahreslänge, der astronomischen Einheit und der Gravitationskonstanten nach der Beziehung

$$M_s = 4\pi^2 \cdot AE^3/(G \cdot y^2)$$

berechnet werden. Angenommen, die Sonne würde sich durch Energieabstrahlung völlig aufbrauchen, so würde dies

$$1{,}99 \cdot 10^{30}/(4{,}26 \cdot 10^{9} \cdot 3600 \cdot 24 \cdot 365{,}25) = 14{,}8 \cdot 10^{12}\ \text{Jahre},$$

also rund 15 Billionen Jahre dauern. Das ist natürlich völlig unrealistisch, weil auf dem Wege der Energieabstrahlung andere Prozesse den Bestand der Sonne verändern werden. So wird durch die stetige Verringerung der Sonnenmasse die innere Gravitation der Sonne stetig kleiner. Dadurch wird sie stetig größer, um das bestehende Gleichgewicht zwischen Sprengkraft der Kernfusion und der Gravitation beizubehalten. Dieses Gleichgewicht kann jedoch auf Dauer nicht aufrechterhalten werden, so wird die Sonne in einigen Milliarden Jahren kollabieren. Ob sie aber wegen der Wasserstoff-Helium-Kernfusion als Supernova explodieren wird, oder ob sie wegen vorherigem Aufbrauchens des Kernbrennstoffes zu einem weißen Zwerg zusammenfallen wird, ist nicht sicher bekannt. Die oben begonnene Rechnung dient nur dazu, einen Vergleich zur Abstrahlung des im Beispiel genannten Quasars zu erhalten. Würde die Sonne nun genausoviel Masse abstrahlen, wie der genannte Quasar, so wäre sie in

$$t = 14{,}8 \cdot 10^{12} / 10^{14} = 0{,}148 \text{ Jahre} = 54{,}05 \text{ Tagen}$$

„aufgebraucht". Verglichen mit dem Quasar entspricht dies einem Verhältnis von 15.000 Jahren zu 4,7 Millisekunden. Dies vermittelt einen etwaigen Eindruck, mit welchen gigantischen Größen wir im Universum umzugehen haben.

++*+*

Wenn die oben genannte Akkretionsscheibe ein genügend starkes Magnetfeld hat, wird ein Teil der angezogenen Masse in zwei Teilen auf die Magnetfeldlinien abgelenkt. Diese beiden Ströme werden senkrecht zur Ebene der Akkretionsscheibe (einer auf jeder Seite) mit sehr hoher Geschwindigkeit in die Umgebung gesendet. Diese sogenannten „Jets" können dann im Radiowellenlängenbereich beobachtet werden. Die Aussendungen müssen also Materiestrahlungen sein, die noch nicht durch das schwarze Loch im Zentrum der Galaxie absorbiert worden sind.

Was ist nun unter einem schwarzen Loch zu verstehen? Es handelt sich dabei um eine so große Massenkonzentration, in deren Gravitationsfeld sich die Fluchtgeschwindigkeit der Lichtgeschwindigkeit nähert, was zur Folge hat, daß keine Masse, keine Strahlung, auch keine elektromagnetische Welle und auch keine Energieexplosion jemals das schwarze Loch wieder verlassen kann. Masse, die in das schwarze Loch „gefallen" ist, wird dauerhaft darin verbleiben. So die gegenwärtig vertretenen theoretischen Erklärungen. Dies hat zur Folge, daß die Massenkonzentration innerhalb des schwarzen Loches durch permanente Aufnahme umgebender Masse immer größer wird. So wird auch der Radius, unterhalb dessen wegen Annäherung an die Lichtgeschwindigkeit keine Materie das schwarze Loch verlassen kann, immer größer.

<u>Was ist ein schwarzes Loch? Wie muß man sich es vorstellen?</u>

Versuchen wir, uns dem Problem in einigen Schritten zu nähern. Die Erde hat die Masse

$$M_e = 5{,}98 \cdot 10^{24} \text{ kg.}$$

Aus dieser Masse errechnet sich eine Gravitationsbeschleunigung an der Oberfläche von g = 9,81 m/s^2. Setzen wir nun einen Körper mit der Masse m mit konstanter Geschwindigkeit horizontal, also parallel zur Erdoberfläche, in Bewegung. Nach einer endlichen Entfernung wird er wieder zu Boden fallen. Erhöhen wir diese Anfangsgeschwindigkeit, so wird er erst nach einer größeren Entfernung wieder die Erde erreichen. Dies können wir beliebig fortsetzen. Es entsteht die Frage, wie groß muß die Anfangsgeschwindigkeit sein, damit die Erdkrümmung dem fallenden Körper so weit ausweicht, daß er nicht mehr auf die Erde zurückfallen kann, sondern sie zu umkreisen beginnt. Dies ist offenbar dann der Fall, wenn die wegen der Rotation des Körpers um die Erde entstehende Zentrifugalkraft, mit der Gravitationskraft im Gleichgewicht ist.

Die Gravitationskraft ist

$$G = \frac{\gamma \cdot Me \cdot m}{r^2}$$

Hierin ist	G	die Gravitationskraft
	$\gamma = 6{,}67 \cdot 10^{-11}$ Nm^2/kg^2	die Gravitationskonstante
	$M_e = 5{,}98 \cdot 10^{24}$ kg	die Masse der Erde
	r = 6.378 km	der Radius der Erde
	m	die Masse des Körpers

Die Zentrifugalkraft ist

$$P = \omega^2 \cdot m \cdot r \quad und\ wegen \quad v = \omega \cdot r$$

$$P = \frac{m \cdot v^2}{r}$$

Hierin ist	P	die Zentrifugalkraft
	ω	die Winkelgeschwindigkeit
	v	die Tangentialgeschwindigkeit

Die Gleichsetzung dieser Kräfte ergibt

$$\frac{\gamma \cdot Me \cdot m}{r^2} = \frac{m \cdot v^2}{r}$$

Man sieht hier, daß die Masse des Körpers durch Division verschwindet, das heißt, die benötigte Geschwindigkeit ist von der Masse des Körpers unabhängig.

Aufgelöst nach der Geschwindigkeit v erhalten wir

$$v = \sqrt{\frac{\gamma \cdot Me}{r}}$$

Durch Einsetzen der Werte erhält man für die Erde v = 7,91 km/s. Diese Geschwindigkeit heißt erste kosmische Geschwindigkeit oder Fluchtgeschwindigkeit für die Erde.

Aus der Formel sieht man, daß die erste kosmische Geschwindigkeit dem Radius umgekehrt proportional ist. Das heißt, je weiter man sich von der Erde entfernt, um so kleiner ist die Fluchtgeschwindigkeit. So erhält man zum Beispiel in einer Höhe von 35.810 km über der Erdoberfläche, das entspricht einem Radius von 42.188 km, weil zur Höhe über der Erdoberfläche noch der Erdradius addiert werden muß, eine Fluchtgeschwindigkeit von 3,068 km/s. Der Umfang dieses Kreises beträgt $2\pi \cdot 42.188$ km = 265.075 km. Ein Flugkörper, der in dieser Höhe mit der Fluchtgeschwindigkeit fliegt, benötigt für eine Erdumrundung 24 Stunden, nämlich 265.075 km/(3,068 km/s · 3600 s/h). Legt man seine Position über dem Äquator und die Flugrichtung nach Osten fest, so verbleibt er stets über demselben Punkt der Erdoberfläche, der ebenfalls in 24 Stunden eine Umrundung ausführt. In der Praxis nutzt man das für sogenannte geostationäre Satelliten, die sich für viele Zwecke in solchen Positionen befinden. Beispiele sind Fernsehsatelliten, Navigationssatelliten, meteorologische Satelliten.

Aber auch das Umgekehrte kann rechnerisch verfolgt werden: Je kleiner der Radius, um so größer die Fluchtgeschwindigkeit. Um dies gedanklich möglich zu machen, müßte man sich die Erde komprimiert vorstellen, damit sie bei gleicher Masse einen kleineren Radius einnimmt. Das ist natürlich nur ein Gedankenexperiment, denn mit den Massengrößen in unserer Welt ist eine solche Komprimierung nicht möglich. Angenommen, die Masse der Erde werde auf die Hälfte des tatsächlichen Radius zusammengepreßt. Es müßte dazu die Materiestruktur zerstört werden, Elementarteilchen müßten zusammengepreßt werden, um die deutlich höheren Dichten zu ermöglichen. Gelänge das, würden wir unter dieser Annahme beim halben Radius an der Oberfläche der Erde nach obiger Formel eine Fluchtgeschwindigkeit von 11,18 km/s erhalten, bei einem Zehntel des Radius' bereits 25 km/s. So können wir fortfahren, die Erde immer kleiner werden lassen und uns die Frage stellen, bei welchem Radius die Fluchtgeschwindigkeit der Lichtgeschwindigkeit gleichen würde. Nach Umstellung der Formel nach r würden wir unter der Verwendung der Lichtgeschwindigkeit den Radius

$$r = 4{,}43 \cdot 10^{-3}\ \mathrm{m}$$

erhalten, das sind 4,4 mm. Würde man mit diesem Radius die Massendichte der komprimierten Erde berechnen, erhielte man eine Zahl, die man sich nicht vorstellen kann: Es wäre ein Wert von $1{,}6 \cdot 10^{28}$ g/cm^3, das bedeutet, 1 cm^3 dieses Materials hätte eine Masse von $1{,}6 \cdot 10^{22}$ t. Tatsächlich soll es aber im Universum Massekonzentrationen geben, bei denen solche Dichten entstehen. Sie bestehen im wesentlichen aus Neutronen, und sie sind die Grundvoraussetzung für das Entstehen schwarzer Löcher. Mit den herkömmlichen, bei uns vorkommenden Massedichten zwischen 1 und 20 g/cm^3, ja auch bis 100 und weit darüber hinaus, ist die Entstehung schwarzer Löcher nicht möglich.

An der Oberfläche dieser gedachten, so „geschrumpften“ Erde würde die Fluchtgeschwindigkeit der Lichtgeschwindigkeit gleichen, und es könnte deshalb innerhalb des Radius von 4,4 mm nichts mehr das kosmische Objekt verlassen. Es wäre ein kleines schwarzes Loch. Außerhalb dieses Radius könnte das Objekt dauerhaft von Materieteilchen umkreist werden, solange sie nicht auf eine Umlaufbahn geraten, bei der sie den Fluchtradius unterschreiten. Den Radius, unterhalb dessen Materie für einen Außenbeobachter nicht mehr sichtbar ist, nennt man in der Astronomie Ereignishorizont des schwarzen Loches.

++*+*

Soweit eine Theorie, die logisch verständlich ist und mit der man ein existierendes schwarzes Loch erklären könnte. Stimmt das aber wirklich? Es ist dabei nämlich zu bedenken, daß die obige Erklärung unter Zuhilfenahme der newtonschen Mechanik vorgenommen wurde. Aber es geht ja bei der Erörterung dieser Phänomene um Vorgänge nahe der Lichtgeschwindigkeit, genauer gesagt, um Inertialsysteme, die sich zueinander mit Geschwindigkeiten nahe der Lichtgeschwindigkeit bewegen. Das ist das Problem. Hier wird die newtonsche Mechanik zunehmend ungenau und im Grenzbereich ist sie falsch. Das ganze muß jetzt unter Zuhilfenahme der Koordinatentransformationen auf der Grundlage der Relativitätstheorie berechnet werden, deren Ableitung im Jahre 1904 von Woldemar Voigt (1850-1919), Hendrik Antoon Lorentz (1853-1928) und Henri Poincare (1854-1912) vollendet wurde. Durch Poincare erhielten sie den Namen Lorentz-Transformationen. Dabei entstehen aber gänzlich andere Beziehungen. Ein Beispiel soll das erklären.

Eine Masse m bewege sich auf ein schwarzes Loch zu. Je näher sie dem schwarzen Loch kommt, um so größer wird die Gravitation, um so stärker wird die Masse beschleunigt. Diese Beschleunigung kann man aber so nicht beobachten, weil wir den Zusammenhang der Masse mit der Raumzeit nicht eingerechnet haben. Für den Außenbeobachter ist nämlich dann die Masse nicht mehr m, sondern

$$m' = \frac{m}{\sqrt{1 - \frac{v^2}{c^2}}}$$

Das bedeutet, mit zunehmender Geschwindigkeit wird die Masse immer größer und kann immer weniger beschleunigt werden. Die Frage, die nun entsteht, kann sie jemals das schwarze Loch erreichen? Am Ereignishorizont würde sie gegen unendlich gehen und keine Beschleunigung mehr erfahren können.

Eine andere Erklärung liefern auch die Raumzeitkoordinaten. Im bewegten Bezugssystem mit der Bewegungsrichtung x ist

$$t' = \frac{t - \frac{v}{c^2} \cdot x}{\sqrt{1 - \frac{v^2}{c^2}}}, \quad x' = \frac{x - v \cdot t}{\sqrt{1 - \frac{v^2}{c^2}}}, \quad y = y', \quad z = z'$$

Daraus kann man ableiten, daß die Zeit wegen der Zeitdilatation immer langsamer verläuft und eine Raumkoordinatenfolge in der Bewegungsrichtung immer kürzer wird. Im nicht erreichbaren Grenzfall würde die Zeitkoordinate gegen unendlich gehen (eine Uhr im bewegten System würde für einen Beobachter im ruhenden System wegen der Zeitdilatation angehalten), eine Länge im bewegten System würde für einen Beobachter im ruhenden System wegen der Lorentzkontraktion Null werden. Um diese Zusammenhänge etwas besser verstehen lernen zu können, befindet sich im Anhang 2 eine gedrängte Zusammenfassung der wichtigsten Grundlagen der Relativitätstheorie, die für den interessierten Leser einfache, weitgehend verständlich gehaltene Erklärungen bereithält. Im Anhang 4 schließlich sind Lorentzkontraktion und Zeitdilatation genauer dargestellt, die sich aus den Transformationen der Raumzeitkoordinaten in bewegten Inertialsystemen ergeben und berechnen lassen.

Diese Transformationen zeigen, daß die Masse m keinen Ereignishorizont überschreiten, ja nicht einmal erreichen kann. Anders ausgedrückt, es gibt für den Beobachter außerhalb des schwarzen Loches keinen Ereignishorizont. Und die logische Konsequenz: Ohne Ereignishorizont kann es auch kein schwarzes Loch geben. Dies wäre auch eine Erklärung dafür, daß aus einem schwarzen Loch die sogenannte Hawking-Strahlung austreten kann, was erst durch diese geänderte Betrachtungsweise möglich wird. Oder wollen wir für die Hawking-Strahlung eine Ausnahme von den Naturgesetzen machen? Das kosmische Objekt, das in der Astronomie die Bezeichnung „schwarzes Loch“ führt, muß also eine andere Erklärung erhalten, mit der diese anscheinend unlösbaren Widersprüche aufgelöst werden können. Eine Leugnung dieser Zusammenhänge würde dazu führen, das beschriebene Gebilde als eine Singularität zu definieren, in der die Naturgesetze keine Gültigkeit mehr haben sollen. Zu diesem wissenschaftlichen Anarchismus hatte ich aber weiter oben bereits Stellung bezogen.

Eine weitere Überlegung muß hier angestellt werden. Nach gegenwärtig vertretenen Auffassungen kann aus einem schwarzen Loch keine Materie mehr freigegeben werden, das heißt, Materie, die sich in einem schwarzen Loch befindet, also innerhalb seines Ereignishorizontes, würde darin ewig verbleiben. Da aber ein schwarzes Loch zunächst aus seiner näheren Umgebung immer mehr Materie aufnimmt, würde es auch immer größer werden müssen, was identisch wäre mit der Ausweitung seines Ereignishorizontes. In der weiteren Abfolge müßte dann zur Kenntnis genommen werden, daß alle Materie einer Galaxie in dem im Zentrum befindlichen schwarzen Loch verschwindet und die Galaxie dadurch aufhört zu bestehen. Der Ereignishorizont dieses schwarzen Loches würde sich enorm vergrößern. Am Ende begännen sich die Ereignishorizonte verschiedener schwarzer Löcher zu überschneiden und würden sich gegenseitig einnehmen. Es käme so zu einem eskalierenden Prozeß, der unumkehrbar wäre und dazu führen müßte, daß in einem Endstadium das Universum insgesamt ein schwarzes Loch ist. Hätten wir dann eine Singularität, die sich außerhalb jeglichen Ablaufes der Naturgesetze stellt? Hawking sagt, die nach ihm benannte Strahlung könne aus einem schwarzen Loch entweichen. Dies wäre dann aber bereits wieder ein außermaterieller Vorgang, es wäre eine Strahlung, die nicht zur Materie gehöre, die außerhalb des materiellen Seins existiere, denn Materie kann ja eben nach den heutigen Vorstellungen nicht entweichen. Auch liegen noch keine Kenntnisse und keine Beobachtungsergebnisse darüber vor, ob nicht schwarze Löcher auch wieder verschwinden können. Nach gegenwärtigen Standardauffassungen wäre dies aber nicht möglich.

Alles in allem ließen diese Überlegungen nur den logischen Schluß zu, daß schwarze Löcher mit der zur Zeit angenommenen Definition bzw. mit den aufgestellten Berechnungsgrundlagen nicht existieren können. Wie muß die Definition dann aussehen, die mit den realen Beobachtungen in Übereinstimmung gebracht werden könnte? Wie muß man rechnerisch mit schwarzen Löchern umgehen? Andererseits muß man fragen, sind die heutigen Auslegungen der Beobachtungen schwarzer Löcher objektiv? Unterliegt das menschliche Denkvermögen vielleicht Irrtümern, weil wir nicht imstande sind, konsequent in den Dimensionen der Relativität der Raumzeitprozesse zu denken? Es gibt also zu diesem Problem noch eine große Zahl völlig ungeklärter Fragen, die grundsätzlicher Natur sind, die unser heutiges Urteilsvermögen begrenzen. Das Abschieben dieser Fragen in den Bereich des Unwirklichen ist sicher kein befriedigendes Herangehen.

Was nun ist aber nach offizieller Meinung eine Singularität? In der freien Enzyklopädie Wikipedia findet man unter (16) die folgende Definition:

„Als Singularität bezeichnet man in Physik und Astronomie Zustände, bei denen die betrachteten Massen und die Raumzeit in einem einzigen Punkt (mathematisch) oder in einem nicht näher bekannten physikalischen Zustand sehr geringer Ausdehnung, aber extrem hoher Dichte zusammenfallen. Sie sind zunächst nur als mathematische Singularitäten formulierbar, wobei das entsprechende physikalische Gesetz nicht definiert, ungültig und ungeeignet ist, die Verhältnisse zu beschreiben. Man kann also vermutete Eigenschaften einer Singularität mathematisch angeben, weiß aber nicht, wie sie physikalisch wirklich beschaffen ist und woraus sie besteht. Eine unendlich kleine Ausdehnung (Punkt) eines physikalischen Objekts widerspricht der Alltagserfahrung. Singularitäten können aber auch nicht-punktförmig gedacht werden, wobei sich die Raumzeit soweit um das Objekt krümmt, daß Größenangaben nicht in ein sinnvolles Verhältnis zur Metrik des umgebenden Raumes gesetzt werden können. Physikalische Größen werden durch physikalische Gesetze in Beziehung gesetzt. Dabei kann, bei Annäherung einer Größe an einen bestimmten Wert, eine andere Größe gegen unendlich streben, d. h. singulär werden."

Die ersten beiden Sätze muten schon wie eine Pseudowissenschaft an. Wozu benötigt man die mathematische Formulierung eines Zustandes, von dem man nichts weiß? Ein solches Herbeirechnen einer „Erklärung", begleitet von der Festsetzung, das dazugehörige Naturgesetz sei ungültig, ist eine nutzlose Mathematik, die den Namen nicht mehr zu recht trägt. Dazu hat Frank J. Tipler gute Erfahrungen, der einen Omegapunkt mathematisch herbeigezaubert hat, in dem alle Menschen, die bisher gelebt haben, wieder auferstehen werden und dann das ewige Leben haben. Dazu mehr im Abschnitt 13. Man kann ganz allgemein sicher sein, daß es einen solchen physikalischen Zustand in der Realität nicht gibt. Im Klartext heißt das, immer wenn wir keine rationale, keine sinnvolle Beschreibung eines Objektes oder eines Zustandes geben können, weil wir es nicht wissen, rechnen wir eine Singularität zurecht, in der alles bekannte für ungültig erklärt wird, und damit haben wir das Problem auf geniale Weise gelöst. Man erspart sich dann sie Suche nach den wirklichen Zusammenhängen, weil das entweder sehr schwierig oder mit dem Wissen der heutigen Intelligenz nicht zu bewerkstelligen ist. Das ist so ähnlich wie Religion. Man glaubt an einen Gott, der die Welt lenkt und ist damit von der Frage, wie er das macht, befreit. Dies ist ganz sicher für einen Gläubigen eine akzeptable und auch gerechtfertigte Verhaltensweise, für einen Wissenschaftler aber nicht. In Singularitäten sehe ich halbwissenschaftliche Ausreden, mit denen fehlendes Wissen verdeckt werden soll. Wir geben vor, eine Erklärung zu haben, wir haben aber keine. Alles in allem ist es nichts anderes als die Flucht ins Transzendente.

An dieser Stelle soll eine weitere Überlegung angeknüpft werden. Der fiktiv angenommene Punkt des Urknalls, in dem eine „unendliche“ Energie konzentriert gewesen sein soll, ist nach den obigen Darstellungen eine Singularität, weil wir von diesem Punkt überhaupt nichts wissen. Aber wir wissen aus dem Masse-Energie-Äquivalent, daß zu dieser „unendlichen“ Energie auch eine „unendliche“ Masse vorhanden gewesen sein müßte. Somit wäre diese Singularität also das größte logisch denkbare schwarze Loch. Nach solchen Überlegungen ergibt sich zusammen mit den offiziellen Theorien über schwarze Löcher die Schlußfolgerung, daß ein Urknall nicht zu Entstehung des Universums geführt haben kann, weil keine Masse nach dem „Knall“ das schwarze Loch hätte verlassen können. Oder aber es muß angenommen werden, daß sich das gesamte Universum zusammen mit uns noch immer im Inneren des schwarzen Loches befindet, also innerhalb des Ereignishorizontes, denn nur so könnten wir es beobachten. Dafür hat es aber nicht die für ein solches Objekt notwendige Massendichte. Für dieses logische Dilemma gibt es keine Auflösung, außer man begibt sich auf die untaugliche Position der Ungültigkeit aller Naturgesetze. Einzig mögliche Schlußfolgerung: Die unendliche Energiekonzentration ist eine nicht aufrechtzuerhaltende Fiktion. Die Raumzeit und die sich bewegende Materie sind ewige Kategorien, einen Urknall hat es nicht gegeben. Es gibt keinen „Anfang“ des Universums.

9. Die Lichtgeschwindigkeit – eine Naturkonstante

Wenn ich die Folgen geahnt hätte,
wäre ich Uhrmacher geworden.
Albert Einstein

In den vorangegangenen Abschnitten waren wir im Rahmen mehrerer Berechnungen mit der Lichtgeschwindigkeit, streng genommen mit der Vakuumlichtgeschwindigkeit in Berührung gekommen. Dabei habe ich stets mit der Behauptung gearbeitet, daß sie die größte mögliche Geschwindigkeit in der Raumzeit sei und daß keine Masse, kein Elementarteilchen, keine Welle, nichts sie überschreiten könne. Dies ist zunächst einmal recht unverständlich, weil wir ja aus unserer praktischen Erfahrung heraus wissen, daß man eine Masse, die sich mit beliebiger Geschwindigkeit bewegt, durch Anlegen einer Kraft beschleunigen kann und sich dadurch die Geschwindigkeit der Masse vergrößert, denn

$$\text{Kraft} = \text{Masse} \cdot \text{Beschleunigung},$$
$$\text{Geschwindigkeit} = \text{Beschleunigung} \cdot \text{Zeit}.$$

Dabei ist aber der Begriff „beliebig“ nicht korrekt, denn für Geschwindigkeiten in der Nähe der Lichtgeschwindigkeit trifft das nicht mehr in vollem Umfange zu.

Wissenschaftler befaßten sich in der Geschichte schon sehr frühzeitig mit der Frage nach der Geschwindigkeit des Lichtes. Schon in der Antike stellte man die Frage, ob sich das Licht unendlich schnell ausbreitet oder ob es eine endliche Geschwindigkeit besitzt. Der griechische Gelehrte Aristoteles (384-322 v. d. Z.) war der Ansicht, Licht entstehe bei der bloßen Anwesenheit eines Objektes, sei aber nicht in Bewegung. Daraus folgerte er, daß das Licht überall gleichzeitig sei und keiner Geschwindigkeit bedürfe, oder daß die Lichtgeschwindigkeit unendlich sei. Auf Grund seines großen Einflusses und seines hohen Ansehens fand seine Auffassung allgemeine Anerkennung.

Schon etwa 100 Jahre früher äußerte Empedokles (495-435 v. d. Z.), Licht sei etwas, das sich in Bewegung befände und deshalb Zeit benötige, um Entfernungen zurückzulegen. Die verschiedenen Auffassungen über die Unendlichkeit oder die Endlichkeit der Lichtgeschwindigkeit bestanden über viele Jahrhunderte. Johannes Keppler (1571-1630) und René Descartes (1596- 1650) waren noch 1620 der Überzeugung, Licht habe eine unendliche Geschwindigkeit. Als erster versuchte Galileo Galilei um 1600, die Lichtgeschwindigkeit mit wissenschaftlichen Methoden zu messen, indem er sich und einen seiner Schüler mit je einer Signallaterne auf zwei Hügel mit festliegender Entfernung stellte. Der Schüler sollte Galileis Signal unverzüglich zurückgeben. Unter Abzug der Reaktionszeit seines Schülers hoffte er so, die Lichtgeschwindigkeit messen zu können. Das schien ihm einleuchtend, weil er mit vergleichbarer Methode schon die Schallgeschwindigkeit recht genau gemessen hatte. Jedoch verblieb nach Abzug der Reaktionszeit des Schülers keine meßbare Zeit mehr, was sich auch nicht änderte, als er die Entfernung bis auf die maximale Sichtweite der Laternen erhöhte. Isaac Beeckman schlug 1629 eine abgewandelte Version des Versuchs vor, bei der das Licht von einem Spiegel reflektiert werden sollte. Jedoch führte auch das noch nicht zu brauchbaren Ergebnissen. In der Folgezeit befaßte sich eine große Zahl Wissenschaftler mit dieser Frage. Dabei wurden die Meßmethoden immer ausgeklügelter.

Ein Meßverfahren, dessen sich mehrere Physiker bedienten, war die Drehspiegelmethode. Sie wurde unter anderem von Leon Foucault (1819-1868), Alfred Cornu (1841-1902) und Albert Michelson (1852-1931) angewendet und führte zu recht guten Werten. Michelson ermittelte 1926 mit dieser Methode einen Wert von c = 299.796 ± 4 km/s.

Kurz zusammengefaßt bestand das Verfahren in folgendem: Eine Lichtquelle hinter einem Projektionsschirm mit einer Durchlaßöffnung sendet einen Lichtstrahl auf einen rotierenden Spiegel. Von ihm trifft es auf einen festen Spiegel und von dort wieder zurück auf den rotierenden Spiegel. Da sich der Drehspiegel während der Laufzeit des Lichtes weitergedreht hat und somit einen anderen Winkel zum Lichtstrahl einnimmt, wird er nun nicht mehr auf den Ausgangspunkt (die Durchlaßöffnung) zurückgeworfen, sondern auf einen Punkt daneben auf dem Projektionsschirm. Durch Messung des Abstands zwischen der Durchlaßöffnung und dem Reflexionspunkt des zurückkehrenden Lichtstrahls ist es möglich, bei bekannter Umdrehungszahl des Spiegels und bekannten Abständen des festen Spiegels und der Lichtquelle vom Drehspiegel, die Lichtgeschwindigkeit zu bestimmen.

Mit verfeinerten Meßmethoden in der heutigen Zeit wurde der exakte Wert der Vakuumlichtgeschwindigkeit mit c = 299.792.458 m/s ermittelt. Da nun auch die metergenaue Konstanz der Vakuumlichtgeschwindigkeit bekannt ist, wird dieser Wert seit den 1980er Jahren zur Definition des Meters aus der Zeiteinheit verwendet: Ein Meter ist die Strecke, die Licht im Vakuum im 299.792.458sten Teil einer Sekunde zurücklegt.

Die Versuche, die Konstanz der Vakuumlichtgeschwindigkeit festzustellen, haben eine ebensolange Geschichte. Anfangs war man jedoch überzeugt, daß im Universum ein Medium als Träger der Lichtausbreitung existieren müsse, ein sogenannter Äther, ähnlich wie sich andere Wellenbewegungen, zum Beispiel Schall in Luft oder im Wasser, ausbreiten. Dies hatte jedoch die zwingende Anerkennung eines bevorzugten Inertialsystems im Universum zur Folge, was jedoch durch keine Experimente nachgewiesen werden konnte.

Das sollte mit dem Michelson-Morley-Experiment geklärt werden. Es handelte sich hierbei um ein physikalisches Experiment, das von dem deutsch-amerikanischen Physiker Albert Abraham Michelson 1881 in Potsdam und in verfeinerter Form von ihm und dem amerikanischen Chemiker Edward Morley 1887 in Cleveland im US-Bundesstaat Ohio durchgeführt wurde. Es hatte zum Ziel, diesen Lichtäther und seine relative Geschwindigkeit zur Bahngeschwindigkeit der Erde um die Sonne nachzuweisen. Obwohl nicht vollständig negativ, zeigte es, daß die Bewegung der Erde gegen den Äther keinen Einfluß auf die Lichtgeschwindigkeit hatte. Dieses Resultat ergab sich aber daraus, daß der gemessene Wert zu klein war, um mit dem gesuchten „Ätherwind" in Verbindung gebracht werden zu können. Neuere, weit genauere Wiederholungen des Experiments haben inzwischen die vollständige Unabhängigkeit der Lichtgeschwindigkeit von einem vermuteten Äther erbracht. Das Michelson-Morley-Experiment zeigte zusammen mit anderen Experimenten in aller Deutlichkeit die Probleme der Ätherphysik des 19. Jahrhunderts. Diese Probleme konnten erst durch die Spezielle Relativitätstheorie behoben werden, in der auf ein bevorzugtes Bezugssystem wie den Äther verzichtet wird. Das Michelson-Morley-Experiment gilt als eines der bedeutendsten Experimente in der Geschichte der Physik – ein „Experimentum Crucis", das in der Wissenschaftstheorie ein Experiment bezeichnet, dessen Scheitern die dem Experiment zugrunde liegende Theorie falsifiziert oder überwindet.

Die Vakuumlichtgeschwindigkeit ist durch die Gesamtheit aller dieser Forschungen und Experimente als eine Naturkonstante erkannt. Zusammen mit dem Relativitätsprinzip trug auch dieser Umstand dazu bei, daß Einstein zu neuen Überlegungen gelangte, in deren Ergebnis er die Relativitätstheorie entwickelte. Er stellte fest, daß die Raumzeit nichts absolutes, nichts feststehendes ist, sondern in Wechselwirkung mit der Bewegung der Materie steht, also relativ ist, das heißt, von der Bewegung abhängt. Diese Abhängigkeit ist durch die Lorentztransformationen rechnerisch quantifiziert. Die Konstanz der Vakuumlichtgeschwindigkeit ließ keinen anderen Schluß zu, als daß nun andere Größen der Materie und der Raumzeit keine absoluten Größen sein können, sondern relativ sind und vom Bewegungszustand abhängen. Aus dieser Erkenntnis heraus konnten die Lorentztransformationen entwickelt werden.

Erstaunlich ist bei diesen Erörterungen der Ursprung des Relativitätsprinzips. Als Begründer dieses Prinzips wird Galileo Galilei angesehen. Im Jahre 1632 legte er dar, daß „ein unter Deck eines unbeschleunigten Schiffes befindlicher Beobachter aus den Vorgängen um ihn herum nicht erschließen kann, ob sich das Schiff in Bewegung befindet oder nicht."

Das Relativitätsprinzip ist heute ein Grundpfeiler der Physik. Es besagt, daß unabhängig vom Bewegungszustand die Naturgesetze für alle Beobachter dieselbe Form haben. Aus einfachen Überlegungen hierzu geht hervor, daß es unmöglich ist, einen bevorzugten oder absoluten Bewegungszustand irgendeines Beobachters oder Objekts festzustellen. Das heißt, es können nur die Bewegungen der Körper relativ zu anderen Körpern, nicht jedoch die Bewegungen der Körper relativ zu einem bevorzugten Bezugssystem festgestellt werden.

Henri Poincare schrieb 1904: „Das Prinzip der Relativität besagt, daß die Gesetze der physikalischen Vorgänge für einen feststehenden Beobachter die gleichen sein sollen, wie für einen in gleichförmiger Translation fortbewegten, so daß wir gar keine Mittel haben oder haben können, zu unterscheiden, ob wir in einer derartigen Bewegung begriffen sind oder nicht."

Albert Einstein definierte 1905 das Relativitätsprinzip, indem er sagt: „Die Gesetze, nach denen sich die Zustände der physikalischen Systeme ändern, sind unabhängig davon, auf welches von zwei relativ zueinander in gleichförmiger Translationsbewegung befindlichen Koordinatensystemen diese Zustandsänderungen bezogen werden."

Mit der Allgemeinen Relativitätstheorie gelang es schließlich, dieses Prinzip auch auf relativ zueinander beschleunigte Inertialsysteme zu erweitern.

Eine Antwort auf die Frage, warum die Vakuumlichtgeschwindigkeit eine Naturkonstante ist, konnte bislang nicht gegeben werden. Dieser Umstand, daß sozusagen der letzte Beweis dafür fehlt, läßt auch heute noch mitunter Zweifler auftreten, die Konstanz der Lichtgeschwindigkeit bestreiten wollen.

So stellt Evan Hansen in der Zeitschrift Efodon-Synesis Nr 10/1995 die Frage „Ist die Lichtgeschwindigkeit wirklich konstant?" und untertitelt den Beitrag mit „Hier irrte Einstein". (24) Er beschreibt ein gedankliches Experiment wie folgt:

„...fordert uns Einstein auf, uns vorzustellen, wie ein Zugpassagier sich im fahrenden Zug, und zwar in dessen Fahrtrichtung, zu Fuß bewegt. Wenn der Fußgänger entlang der Strecke die Geschwindigkeit des Zugpassagiers messen will, muß er seine Fußgänger-Geschwindigkeit zur Geschwindigkeit des Zuges addieren. Umgekehrt liegt der Fall, wenn der Passagier sich im Zug entgegen der Fahrtrichtung bewegt.

Einsteins nächster Schritt war es, den Zugpassagier durch einen Lichtstrahl zu ersetzen. Er betont, man habe gemessen, daß die Lichtgeschwindigkeit stets - d. h. für alle Frequenzen = Farben - rund 300.000 km/s betrage. Wenn ein weit entfernter Stern durch ein anderes sich vor ihm bewegendes Objekt verdunkelt wird, verschwinden alle Farben gleichzeitig.

Nach Einstein sollen wir uns einen sehr langen Zug vorstellen, mit einem Beobachter genau in der Mitte. Ein zweiter Beobachter befindet sich stationär neben der Strecke. Beide sind mit einer Spiegelanordnung ausgerüstet, die sowohl nach hinten wie nach vorne »sehen« kann, und mit Instrumenten, um einen Lichtblitz in beiden

Spiegeln genau zu messen. Exakt in dem Moment, wo der Zugpassagier die Position des stationären Beobachters erreicht hat, schlagen gleichzeitig am vorderen und am hinteren Zugende Blitze in den Zug ein. Der Beobachter entlang der Strecke mißt, daß beide Lichtblitze den Zug exakt zum gleichen Zeitpunkt erreichen."

Bis hierher ist alles richtig. Nun aber schlußfolgert Hansen falsch: „Aber da der Zug fährt, mißt der Beobachter im fahrenden Zug für den vorne einschlagenden Blitz weniger Zeit als für den am Zugende einschlagenden Blitz."

Da liegt der Fehler Hansens. Er wendet die Newtonsche Mechanik auf die Lichtgeschwindigkeit an. Er addiert oder subtrahiert die Geschwindigkeit des Beobachters zur Lichtgeschwindigkeit, in dem er sagt:

„Intuitiv ist uns klar, daß es sich hier genauso verhalten muß, wie beim vorigen Beispiel. Wenn der Beobachter sich vorwärts bewegt, muß der Lichtblitz vom Zuganfang eine geringere Entfernung zurücklegen als derjenige vom Zugende".

Richtig. Das führt aber nicht dazu, daß sich die Lichtgeschwindigkeit ändert, sondern dazu, daß die beiden Ereignisse (die Blitze) für den bewegten Beobachter nicht gleichzeitig sind. Dieser Umstand ist mit sehr vielen Experimenten und Messungen eindeutig bestätigt. Nun geht Hansen noch einen Schritt weiter und sagt unter der Überschrift *Einsteins Denkfehler* :

„Und hier machte, meine ich, Einstein einen Denkfehler. Aus irgendeinem, noch unklaren, Grunde hegte Einstein die Vorstellung, daß im Vakuum die Lichtgeschwindigkeit stets dieselbe sein müsse, unabhängig von der Bewegung des Beobachters. Die vom fahrenden Beobachter gemessene Geschwindigkeitsveränderung müsse eine Illusion sein. Er postulierte also im Grunde, daß der Ablauf der Zeit durch die Geschwindigkeit verändert würde".

Völlig richtig. Das nämlich ist nicht Einsteins Denkfehler, sondern eine seiner Entdeckungen: Die Zeit ist eine relative Größe und hängt von der Bewegung ab. Auch das ist durch eine große Zahl Experimente eindeutig nachgewiesen.

Das Fehlen einer Antwort auf die Frage, warum die Lichtgeschwindigkeit eine Naturkonstante ist, veranlaßt also Denker vom Format Hansens, zweifelsfrei festgestellte Tatsachen zu bestreiten und seinen eigenen Denkfehler Einstein zuzuschreiben. Wir wissen nicht, warum die Lichtgeschwindigkeit eine Naturkonstante ist, aber wir akzeptieren es, weil es bewiesen ist. Wir akzeptieren es auch unter der Prämisse, daß es sich so mancher nicht vorstellen kann.

Dies ist eine ähnlich grundsätzliche Lücke in unserem Wissen wie die Frage: Was ist Gravitation? Wir wissen, daß sie im Wesen die gegenseitige Anziehung von Massen ist, wir wissen, wie groß sie ist, wir wissen, wie man sie berechnen kann, aber niemand kann sagen, warum Massen sich anziehen. Deshalb käme aber wohl niemand auf die Idee zu bestreiten, daß Massen sich anziehen, daß es also die Gravitation gibt. Das liegt ganz sicher daran, daß wir alle zu beliebiger Zeit die Gravitation spüren, die Lichtgeschwindigkeit jedoch nicht.

Mit einiger Sicherheit kann man abschätzen, daß die Klärung solcher Fragen für die Menschheit einen großen Fortschritt darstellen würde, der sowohl in technischer, als auch in wissenschaftlich-theoretischer Hinsicht von enormer Bedeutung wäre.

10. Über das menschliche Vorstellungsvermögen

Zeit ist das, was man an der Uhr abliest.
Albert Einstein

Wir alle leben in einer vierdimensionalen Welt. Unsere Welt hat drei Raumkoordinaten und eine Zeitkoordinate. Warum benötigen wir diese vier Koordinaten? Angenommen, in einem Hochhaus sind die Etagen in numerierte Flure unterteilt und in jedem Flur befinden sich entlang seiner Länge numerierte Türen zu den Zimmern. Ein Zimmer soll als ein Punkt im Raum des Hochhauses angesehen werden. Einen solchen Punkt kann man also mit drei Angaben eindeutig benennen: Nummer der Etage, Nummer des Flures, Nummer des Zimmers. Zwei Personen, die also zum Beispiel in der 10. Etage auf dem 4. Flur das Zimmer 7 aufsuchen, werden am gleichen Punkt erscheinen. Reicht das aber aus, um etwa ein Treffen zu vereinbaren? Nein. Die eine Person erscheint heute, die andere morgen. Obwohl sie somit am gleichen Punkt im Raum sind, sehen sie sich nicht. Denn eine Grundgröße – eine Koordinate – haben sie nicht vereinbart: Die Zeit. Wenn also das Ereignis *Treffen* eintreten soll, müssen für beide Personen vier Koordinaten übereinstimmen, drei Raumkoordinaten und die Zeit. Diese vier Koordinaten, die ein Ereignis eindeutig bestimmen, nennt man einen Weltpunkt. Eine solche Beschreibung eröffnet sich mühelos unserem Vorstellungsvermögen, jeder kann sich diese Zusammenhänge vorstellen, ohne dabei in logische Schwierigkeiten zu kommen.

Was aber nun, wenn die beiden Personen sich in zwei verschiedenen Bezugssystemen befinden, von denen sich das eine relativ zum anderen in Bewegung befindet? Angenommen, die zweite Personen befindet sich auf einem Wagen, der mit einer sehr hohen Geschwindigkeit einen Flur entlang fährt. Wenn für die erste Person die vereinbarte Zeitkoordinate eingetreten ist, ist dies für die zweite Person eine andere – oder: zur vereinbarten Zeit befindet er sich an einem anderen Punkt im Raum. Da beginnen die Schwierigkeiten unseres Vorstellungsvermögens. Wir müßten jetzt anerkennen, daß die Zeit keine absolute Größe ist, daß sie relativ ist, abhängig vom Bezugssystem, in dem wir uns befinden. Alle Menschen befinden sich lebenslang im gleichen Bezugssystem, nämlich auf der Erde. Wir haben keine Beziehung zu Personen, die in einem anderen Bezugssystem sind, wir verfügen nicht über solche Erfahrungen.

Unser Gehirn weigert sich, zu erfassen, daß Zeit keine absolute Größe ist.

Allgemein bekannt ist das Beispiel für die Relativität der Geschwindigkeit. Angenommen, ein Zug fährt an einem Beobachter B außerhalb des Zuges mit der Geschwindigkeit 50 km/h vorüber. Im Zug bewegt sich in Fahrtrichtung eine Person P1 mit der Geschwindigkeit 5 km/h relativ zum Zug einen Gang entlang und wird von einer Person P2, beobachtet, die in dem Gang steht. Dann können wir uns vorstellen, daß P2 für P1 eine Geschwindigkeit von 5 km/h feststellt, B hingegen 55 km/h. Auch macht es uns keine Mühe abzubilden, daß P1 für B –55 km/h feststellt und P2 sieht B mit –50 km/h. Dies ist aber nicht die ganze Wahrheit, da wir wissen, daß diese relativen Geschwindigkeiten alle von der Naturkonstanten c, der Vakuumlichtgeschwindigkeit, abhängig sind und nicht, wie wir es hier tun, vektoriell addiert werden dürfen. Das darf man näherungsweise nur in Geschwindigkeitsbereichten, die gegenüber c verschwindend klein sind. Nur dann gilt die Newtonsche Mechanik näherungsweise mit ausreichender Genauigkeit. Würde sich nämlich der Zug gegenüber B mit c bewegen, dann würde sich P1 ganz und gar nicht mit c+5 bewegen, sondern mit c, weil dann für B im System des Zuges die Raumkoordinate der Bewegungsrichtung 0 wird. Und hier beginnt unser Vorstellungsvermögen zu versagen. Wir haben keine rationale Beziehung zu den Geschwindigkeiten nahe c (≈ 300.000 km/s). Wir können es uns nicht vorstellen. Wir können dies aber mit mathematischen Mitteln zur Kenntnis nehmen, rechnerisch damit umgehen und auf diese Weise richtige Werte erhalten.

Genauso verhält es sich mit der kinetischen Energie einer bewegten Masse. Ein Schuß aus einer Feuerwaffe kann eine Person töten, die sich im Bezugssystem des Schützen befindet. Befindet sich die Person aber im Bezugssystem des Geschosses, so geschieht ihr gar nichts, weil die relative Geschwindigkeit zwischen Person und Geschoß Null ist. Auch das ist ohne Not vorstellbar. Mühevoll wird die Illustration aber, wenn sich das Geschoß mit c bewegt. Wir können dann zwar mit Hilfe des durch Einstein, Lorentz, Minkowski und anderen erarbeiteten mathematischen Apparates berechnen, daß in diesem Falle die Masse des Geschosses gegen unendlich strebt, eine Beschleunigung deshalb unmöglich ist, und die Person unter diesen Bedingungen ebenfalls eine unendliche Masse hat, aber vorstellen können wir uns das nicht. Zu diesen physikalischen Größen und Zusammenhängen fehlt uns der praktische Bezug, unser Gehirn ist auf den Umgang mit ihnen nicht eingerichtet.

Man kann also ganz allgemein festhalten: Die Möglichkeiten, bestimmte Vorgänge im Makrokosmos wie auch im Mikrokosmos mit dem menschlichen Verstand, dem Vorstellungsvermögen aufnehmen und erfassen zu können, sind begrenzt. In einzelnen Fragen werden sie auch begrenzt bleiben. Aber der Mensch kann mit seinem abstrakten Denkvermögen auf analytischer Grundlage Dinge beschreiben und aus Vorgängen Schußfolgerungen ableiten, die sich aus zwingender Logik und aus mathematischer Abstraktion ergeben, auch unter dem Eingeständnis, daß man sich einzelne Ergebnisse nicht vorstellen kann, mit dem sogenannten „normalen" Denken nicht erfassen kann.

Sicher können sich nur ganz wenige Menschen in höherer Deutlichkeit vorstellen, daß Masse auch Energie sein kann. Wo ist die Masse dann, wenn sie als Energie abgestrahlt wird? Man scheitert ja im allgemeinen schon daran, sich „die Energie" vorstellen zu können. Stets sehen wir ja nur ihre Wirkung. Aber wir können rechnerisch damit umgehen, weil wir seit Einstein den rechnerischen Zusammenhang zwischen beiden Erscheinungsformen der Materie kennen ($E = m \cdot c^2$).

Mathematiker und Physiker benutzen zur Beschreibung der Vorgänge, die in der Raumzeit keine Erklärung haben, mehrdimensionale Räume (mehr als vier Dimensionen). Das sind fiktive Gebilde, mit denen komplexe oder irrationale Vorgänge erfaßbar und berechenbar werden. Das ist ganz ähnlich, wie man in der Elektrotechnik einem Phasenlauf kapazitiven oder induktiven Ursprungs, der mit dem eindimensionalen Strom-/Spannungsverlauf nicht erklärbar wäre, mit Hilfe der imaginären Größe i (Wurzel aus –1) eine fiktive Koordinate im Bereich der komplexen Zahlen gibt und ihn damit berechenbar macht. Diese Größe i liegt außerhalb des realen Vorstellungsvermögens, niemand kann sich mit Hilfe rationalen Denkens eine Zahl „vorstellen", deren Produkt mit sich selbst –1 ergibt, mit ihrer Hilfe wird aber ermöglicht, Blindströme induktiver und kapazitiver Ursprünge zu berechnen.

Ich bin sicher, jeder muß sich von der Behauptung trennen, sich mehrdimensionale Räume "vorstellen" zu können. Mehrdimensionale Räume sind mathematische Gebilde, mit denen man Vorgänge beschreibt, die im physikalischen Raum oder der Raumzeit keine Erklärung haben, zum Beispiel das Gleichzeitigkeitsproblem – ein räumliches Objekt befindet sich gleichzeitig an zwei Orten (Quantenmechanik). Oder das Raum-Zeit-Kontinuum, in dem in einem Inertialsystem mit c (Lichtgeschwindigkeit) zum Betrachtersystem die Anzahl der Raumkoordinaten auf 2 reduziert wird (Lorentz-Transformation). Aber diese Gebilde mehrdimensionaler Räume bleiben virtuell, sie können mit dem menschlichen Verstand, unserem Vorstellungsvermögen, nicht abgebildet werden.

Niemand muß sich also unterentwickelt fühlen, wenn er sich solche Dinge nicht vorstellen kann. Einer, der ihm einreden will, er könne sich das vorstellen, kann es in Wahrheit auch nicht. Er kann möglicherweise besser mathematisch damit umgehen und kann es dann auf diese Weise auch erklären. Ein rationales Erfassen ist davon aber weit entfernt.

11. Aus der Geschichte der Urknalltheorie

> Wir leben in einer Zeit vollkommener
> Mittel und verworrener Ziele.
> Albert Einstein

Im Jahre 1927 trat der Jesuitenpater Abbè Georges Edouard Lemaitre (1894-1966), ein belgischer Theologe, Priester und Astrophysiker, mit einer abstrusen Theorie an die Öffentlichkeit: Das Universum habe sich aus einem einzigen Uratom durch fortwährende Spaltung des Atomkerns entwickelt, in dem die gesamte Materie des Universums enthalten gewesen sein soll. Er war der erste, der eine solche Idee an die Öffentlichkeit brachte.

Das heißt zunächst mit aller Deutlichkeit, der Ursprung der Urknalltheorie geht nicht auf Astrophysiker, nicht auf Astronomen und nicht auf wissenschaftlich orientierte Kosmologen zurück, und auch nicht auf Philosophen, die das menschliche Denken im Zusammenhang mit den Naturgesetzen erklären, sondern auf einen Mann der Kirche, der sich zum Grundsatz machte, das Universum nicht als ewig in der Raumzeit in Bewegung befindlich anzusehen, sondern es getreu der biblischen Schöpfungslehre „entstehen" zu lassen.

Wer war der Abbè Lemaitre? Schon in sehr jungen Jahren war er sich sicher, daß er Priester und Wissenschaftler werden wollte. Die Vereinigung dieser beiden Professionen entsprachen seiner tiefen Gläubigkeit einerseits und seinem großen Wissensdrang andererseits. Mit 17 Jahren wurde er, von einer Jesuitenschule kommend, an der Katholischen Universität Löwen aufgenommen. Während des Ersten Weltkrieges verließ er die Universität und kämpfte als Freiwilliger in einer Artillerieeinheit der belgischen Armee. Nach dem Krieg führte er seine Studien der Physik und der Mathematik weiter und bereitete sich parallel dazu auf das Priesteramt vor. Im Jahre 1920 promovierte er mit der Arbeit *L'approximation des fonctions de plusieurs variables réelles* (Näherung von Funktionen mehrerer reeller Variablen). 1922 empfing er die Priesterweihe und wurde 1923 ordiniert. Im selben Jahr wechselte er an die Universität Cambridge, wo er mit Arthur Eddington zusammenarbeitete, der ihm wichtige Grundlagen der modernen Stellarastronomie und der numerischen Analyse vermittelte. In dieser Zeit nahm er auch einen Studienaufenthalt am Massachusetts Institute of Technology in den USA wahr. 1925 kehrte Lemaitre nach Belgien zurück und lehrte an der Universität Löwen. Hier begann er 1927, seine Ideen zur Expansion des Universums aufzuschreiben, die er 1929 veröffentlichte. Im Zusammenhang mit diesen Überlegungen beschäftigte sich Lemaitre zwangsläufig auch mit der Frage nach der Vereinbarkeit der katholischen Schöpfungslehre mit den wissenschaftlichen Ausarbeitungen zur Urknalltheorie. Diese Überlegungen waren unübersehbar im Sinne des Klerus, der in ihnen die glänzende Bestätigung der Schöpfungsidee sah. Im Dezember 1940 wurde er aufgrund seiner wissenschaftlichen Leistungen an die Päpstliche Akademie der Wissenschaften berufen. Von 1960 bis zu seinem Tod war Lemaitre Präsident der Akademie. Mit dem Amt verbunden war die Verleihung des Titels eines päpstlichen Prälaten. 1964 wurde Abbé Georges Edouard Lemaitre emeritiert.

Der Abbè Lemaitre stützte sich bei seinen Arbeiten im wesentlichen auf zwei Tatsachen:

- den vor kurzem entdeckten radioaktiven Zerfall, bei dem ein Atomkern scheinbar fortgesetzt Teilchen mit hoher Geschwindigkeit ausstößt und
- Hubbles Erkenntnis, daß die Größe der Rotverschiebung von Himmelsobjekten proportional zu ihrer Entfernung vom Beobachter ist.

Der radioaktive Zerfall inspirierte ihn zu Konstruktion eines Uratoms, das durch unvorstellbar schnelle Teilung und Ausstoßung immer neuer Teilchen – ähnlich der progressiven Vermehrung in einer Bakterienkultur – den fortgesetzt expandierenden Kosmos erzeugte. Gestützt schien sein Weltmodell durch Hubbles Entdeckung der Rotverschiebung des Spektrums entfernter Himmelkörper, die zu ihrer Entfernung proportional ist.

Auf einem Kongreß in London, der sich mit dem Ursprung des Universums und der Spiritualität beschäftigte, stellte Lemaitre seine Ideen vor. Er beschrieb seine Vorstellungen vom Ursprung des Universums als „ein kosmisches Ei, das im Moment der Entstehung des Universums explodierte“. In diesem kosmischen Ei, dem Uratom, soll die gesamte heute im Universum vorhandene Materie enthalten gewesen sein. Er zog dazu unter anderem die Rotverschiebung weit entfernter Galaxien heran, mit der er seine Behauptung stützte. Zunächst erntete er für diese Idee Kritik. Seine Kritiker verspotteten die Theorie als Urknalltheorie (englisch: Big Bang, ein Kunstwort, das ursprünglich als Glosse diente). Eddington und auch Einstein lehnten sie zunächst ab, weil sie ihrer Meinung nach zu sehr an die religiöse Vorstellung der Erschaffung der Welt erinnere, und weil sie vom physikalischen Standpunkt viele Ungereimtheiten hatte, wie beispielsweise die umstrittenen Singularitäten. Der Streit darüber hielt sich über mehrere Jahrzehnte. Auf einer Reise zusammen mit Einstein nach Kalifornien erntete Lemaitre für seine Theorie wohl auch wegen seines Charismas und seiner verbalen Überzeugungskraft großen Beifall bei den tiefgläubigen Amerikanern. In dieser Zeit legte Lemaitre Einstein seine Theorie in allen Einzelheiten dar. So gelang es Lemaitre schließlich, Einstein von ihr zu überzeugen. Einstein sagte später, dies sei die schönste und überzeugendste Darstellung der Schöpfungsgeschichte, die er je gehört habe. Es ist jedoch nicht überliefert, ob Einstein dabei vielleicht ein Augenzwinkern hatte.

Auf einer Tagung im November 1951 befürwortete die Päpstliche Akademie der Wissenschaften Lemaitres Theorie. Papst Pius XII. sprach am 23.11.1951 vor den Mitgliedern der Akademie und erklärte in einem abschließenden Vortrag, daß der mit dem Urknall zeitlich festlegbare Anfang der Welt einem göttlichen Schöpfungsakt entspränge. Die Ergebnisse „moderner Wissenschaft", auf die sich Papst Pius XII. beruft, wurden so auf die beste Art und Weise mit der kirchlichen Doktrin zusammengeführt.

Die Geschichte nahm nun ihren Lauf. Die Kosmologie ließ sich vereinnahmen und pflichtete Papst Pius XII. bei. Mit etwas Tatsachenkorrektur schrieb G. Börner in der Zeitschrift National Geographic, Ausgabe 12/2003: „Wollen wir die Entstehung des Kosmos, von Raum und Zeit, als Schöpfungsakt eines göttlichen Wesens interpretieren, so hindern uns die naturwissenschaftlichen Ergebnisse nicht daran. Im Gegenteil. Der physikalischen Forschung würde sich dies wohl gerade wie das Standardmodell des Urknalls darstellen". (8) Für den weiteren Fortgang der Geschichte war dies eine Schlüsselerkenntnis: „Der gesamte wissenschaftliche Aufwand hatte ein dreiviertel Jahrhundert nicht der bestmöglichen Erklärung beobachteter Tatsachen gegolten, sondern war eine Art Gefälligkeitsgutachten der Naturwissenschaft zur Stütze eines Glaubensdogmas. Die Urknalltheorie stellte sich plötzlich als eine Übersetzung der Schöpfungsgeschichte ins Physikalische dar – gewissermaßen das Auftragswerk einer Glaubensgemeinschaft". (2)

Auf welch ominöse Weise dann später die Tatsachen umgedreht wurden, indem unterstellt wurde, zuerst hätte die Physik den Urknall gefunden, hat Klaus Gebler recherchiert:

„Die Kunde, die der Papst von den Wissenschaften verlangte und welche die heutige Menschheit erwartet, wurde, wenn auch mit einiger Verzögerung, von den besten Köpfen der Naturwissenschaft präsentiert. In reinster Unschuld wird suggeriert, die reine, unbefangene und unabhängige Forschung habe zuerst die Urknalltheorie als unabweisliche Welterklärung notwendig gemacht, und erst danach habe man eine verblüffende Übereinstimmung mit der biblischen Schöpfungsgeschichte festgestellt. Dabei fällt auf, daß ausgerechnet diejenigen, die eine Bestätigung ihrer wissenschaftsfremden Ansichten „zufällig" in den wissenschaftlichen Ergebnissen wiederfinden, nicht gern vom Jesuitenpater Lemaitre sprechen, jenem belgischen Abbè, der neben seiner Priesterausbildung naturwissenschaftliche Studien trieb und gezielt nach einer wissenschaftlichen Welterklärung suchte, die im Einklang mit den biblischen Mysterien steht. Der katholische Geistliche Lemaitre setzte die Idee vom explodierenden „Atom primitif" 1927 in die Welt, einem Uratom, das wie eine explodierende Granate in einem Lichtblitz ungeheure Energie und Materie in den Raum schleuderte und den expandierenden Kosmos hervorbrachte. Abbè Lemaitre ist der Erfinder der später als „Big Bang" verspotteten, dann mit großer populistischer Lautstärke zur Anerkennung gebrachten Urknalltheorie". (2)

Der Klerus hatte es geschafft, breite Kreise von Astronomen, Kosmologen und Astrophysikern mit einer solchen Wucht für sich zu rekrutieren, daß sie bereit waren, ihre „äußerst spekulativen" Hypothesen (Alan Guth) mit einer unglaublichen Lautstärke und Nachhaltigkeit in die Welt zu posaunen. Seriöse Forscher, wie zum Beispiel Halton Arp (geb. 1927), die mit ihren mehrjährigen astronomischen Forschungen und Untersuchungen gänzlich entgegengesetzte Beobachtungen gemacht hatten, blieben ohne Gehör und gingen in dem allgemeinen Getöse unter. Die Urknalltheorie wurde zum allgemeinen Axiom erklärt, ihre Richtigkeit wurde seither keinen Fragen mehr unterworfen. Jeder Widerspruch wurde ungeprüft als „unwissenschaftlicher Unsinn" dargestellt und kategorisch zurückgewiesen. Den widerspruchführenden Forschern wurde massive Mißachtung zuteil, aus den Wissenschaftsgremien wurden sie ausgebootet, von der Bereitstellung der Forschungsmittel ausgeschlossen. Junge, aufstrebende Wissenschaftler konnten mit solchen Auffassungen niemals eine Anstellung in den wissenschaftlichen Gremien und Einrichtungen erhalten.

Galileo Galilei wurde seinerzeit für seine tiefgründigen Forschungen und Beiträge zu einem fundierten Weltbild beinahe verbrannt, und es dauerte geschichtlich bedeutsame dreihundertfünfzig Jahre, ehe seine Leistungen durch die katholische Kirche anerkannt und er als Wissenschaftler rehabilitiert wurde. Der Abbè Lemaitre hingegen geriet für seine stümperhafte Bastelarbeit umgehend in den wissenschaftlichen Glorienschein und wurde mit Auszeichnungen, Ehrendoktorwürden und Ämterangeboten überhäuft. „Seine zahlreichen Vortragsreisen und Gastprofessuren während der dreißiger Jahre", sagt Klaus Gebler, „vor allem im tief religiösen Nordamerika, brachten ihm stehende Ovationen und uneingeschränkte Anerkennung ein." (2)

In einem Artikel in der *Los Angeles Times* vom 15.02.1982 kann man nachlesen, wie mit Wissenschaftlern umgegangen wird, die sich nicht in dem katholisch-klerikalen Urknallgeheul arrangieren wollten: „...Halton Arp, 55, stand an einem kritischen Zeitpunkt in seiner 25 Jahre langen wissenschaftlichen Karriere. Ein Ausschuß von Astronomen, der jedes Jahr Beobachtungszeiten an den Teleskopen von Mr. Wilson, Palomar Mountain und Las Companas, Chile, zuteilt, hat ihm geraten, entweder er beweist seine Theorie oder er nimmt substantielle Änderungen in seinen Forschungszielen vor, man könne ihm nicht länger Beobachtungszeit bewilligen. Solch eine Entscheidung, wenn sie im nächsten November vom Ausschuß für die Zuteilung von Teleskop-Beobachtungszeiten des Jahres 1983 getroffen wird, würde die Karriere von Arp genauso viel gefährden, wie der Verlust des Hospitalprivilegs für einen Chirurgen..." Dieser Umgang mit Arp macht offenkundig, wie man in der Wissenschaft mit unbequemen Querdenkern umgeht. Eine abweichende Stimme wird durch eine starke Mehrheit erstickt, ohne den Inhalt seiner Ergebnisse ernsthaft zu prüfen. Was nicht in die offizielle Meinung paßt, muß weg, auch wenn damit weltbedeutende Arbeitsleistungen unwiederbringlich weggeworfen werden. Mir drängt sich an dieser Stelle ein Vergleich mit den Methoden des Vorgehens der „Heiligen Inquisition" auf.

Max Rauner schreibt im *Spiegel* am 02.01.2010: „Der Astronom Halton Arp sammelt seit 40 Jahren Indizien gegen die Urknalltheorie. Viele Kollegen halten ihn für die größte Nervensäge ihrer Zunft. Doch für einige Mitstreiter ist der Dauernörgler ein Beleg dafür, daß Querköpfe wie er für die Wissenschaft unentbehrlich sind.“

Im Jahre 1998 fand in Armenien eine „Konferenz über aktive galaktische Kerne“ statt, zu der die Akademie der Wissenschaften eingeladen hatte. Armenien war die Wirkungsstätte des weltbekannten Astrophysikers Viktor Ambarzumjan (1908 – 1996), der das fortwährende Ausstoßen von Galaxienkernen aus größeren aktiven Galaxien beobachtet und fotografiert hatte und dadurch internationale Anerkennung erwarb. Die Konferenz in Eriwan, die ihm zu Ehren zwei Jahre nach seinem Tod organisiert worden war, verfolgte jedoch das Ziel, seine Forschungsergebnisse mit der „modernen“ Urknalltheorie in Einklang zu bringen. Nach Auffassung der Urknalltheoretiker sollte die Entstehung von Anfangsgebilden der Galaxien gleich nach dem Urknall erfolgt sein. Ambarzumjan war dazu stets anderer Ansicht und scheute auch nie vor einer offenen Urknallkritik zurück. In seiner „Modernen Kosmogonie“ führte er dazu aus: „...Jedoch sind konkrete Eigenschaften dieser Lösungen, wie die von einem singulären Punkt ausgehende Expansion, lediglich das Resultat der groben, sehr speziellen Annahmen und können nicht ernst genommen werden. Sieht man in diesen speziellen Lösungen der Gravitationsgleichungen eine Bestätigung der religiösen Vorstellungen über die Schöpfung der Welt, dann bedeutet dies nicht nur hemmungslose Extrapolation, weil man von groben und im wesentlichen unrichtigen Hypothesen ausgeht, sondern auch Preisgabe des Wirklichen vor dem Gewünschten.“ (9)

Zu dieser Konferenz war auch Arp eingeladen, jedoch sollte er dort ein weiteres Mal erfahren, daß Abweichungen von den etablierten Auffassungen zur Urknallhypothese von der großen Gemeinschaft der vermutlich gottesfürchtig gläubigen astronomischen Wissenschaftler mit großem Massendruck unterbunden werden. Dies zeigte sich bereits bei der Eröffnung der Konferenz, die ja dem Namen nach zu Ehren des kürzlich verstorbenen Ambarzumjan durchgeführt werden sollte. Ihm zu Ehren sollte ein internationales Symposium stattfinden. Bei dieser Eröffnung war aber erstaunlicherweise niemand vorgesehen, der den Auftrag gehabt hätte, die Leistungen des Astrophysikers zu würdigen. Wer auch! Die Geschichte war ja so verlaufen, daß zu dieser Zeit schon die meisten Forscher, auch die vor 1989 zum Ostblock gehörenden, auf die Urknall-Linie eingeschworen worden, weil man auf andere Weise seine Karriere gefährdete. So war in diesen Jahren auch Ambarzumjan zunehmend skeptisch beäugt worden und stand mit seiner kritischen Haltung im wesentlichen allein. So benutzte man zwar seinen Ruhm, vermied es aber, sich seinem Werk zuzuwenden, ein Vorgang, der in dieser Zeit schon fast zu den Üblichkeiten gehörte. So übernahm Arp von sich aus die Aufgabe, den Verstorbenen am Anfang der Veranstaltung zu würdigen. Vielleicht sogar gut, daß es Arp war, nur so wurde denn auch das Werk Ambarzumjans herausgearbeitet.

Arp aber hatte dort endgültig den Produktionsmechanismus welteinheitlicher Urknallansichten erfahren sollen. Zur Organisation der Konferenz sagte Arp: „Es gab zwei unter den Organisatoren, die die vorhandene Redezeit mit jenen Forschern füllen wollten, die mit Urknall-Themen beschäftigt waren. In der Vorbereitung folgte ein beträchtlicher Kampf um die Einladung wenigstens einiger Redner, die Ambarzumjans mutige Theorie der Entstehung junger Galaxien der modernen Ansicht gegenüber stellen würden."

Gegen Ende der Konferenz, als schon beinahe alles gelaufen war, kam man wohl doch nicht daran vorbei, wenigstens einige nicht mit dem Urknall übereinstimmende Beobachtungen darzustellen. Es wäre sonst sicher zu peinlich gewesen, sich im Ruhme Ambarzumjans zu sonnen und dann auf keine Weise sein Werk zu erwähnen. Doch als diese wissenschaftlichen Beiträge auf der Tagesordnung standen, waren unerwartet beinahe alle Konferenzteilnehmer erkrankt. Sie hatten wohl bei einem Festbankett zu Ehren der Teilnehmer allzu üppig zugefaßt und waren so, wie man sagt, Unpäßlichkeiten nicht entkommen. Arp jedoch ließ sich dadurch nicht entmutigen und hielt einen Vortrag. Allen Widrigkeiten zum Trotz sprach Arp in diesem Vortrag über aktive Galaxien und Quasare, die unterschiedliche Rotverschiebungen zeigten. Mit präzisen Abbildungen, die den physikalischen Zusammenhang zwischen der Bewegung der Objekte und ihrer Rotverschiebung zeigten erzielte er unter den noch verbliebenen Teilnehmern eine beeindruckende Wirkung, denn die Beweise waren eindeutig und für Anhänger der Urknallhypothese völlig unmöglich. Halton Arp kommentierte seinen Vortrag im Anschluß so: „Die Reaktion der meisten Konferenzteilnehmer war Null. Wie üblich wägten jüngere Astronomen ab, was für ihre Karriere wichtig war. Die etablierten Astronomen waren gewöhnt, die Beobachtungsbeweise jener Forschergruppen zu mißachten, die all jene Annahmen für ungültig erklärten, auf denen sie ihre Karrieren errichtet hatten. Einige lokale Forscher zeigten mir nach der Konferenz noch privat einige Beweise, die sie aufgedeckt hatten, aber es gab keine Möglichkeit sie zu unterstützen, und so ist nichts mehr von ihnen gehört worden. Die zwei Verfechter der orthodoxen Urknallehre im Organisationsausschuß verband jedoch Filz, und so lieferten sie Gründe, warum die Beobachtungen mißachtet werden sollten."

„Wenn es den Mathematikern, Physikern und Kosmologen gelungen ist", so Arp, „aus der Deutung von Beobachtungsdaten und der Rückrechnung bis zum Urknall die gesamte Entwicklung des Universums zu rekonstruieren, so sollte es doch umgekehrt möglich sein, aus der Kenntnis der gegenwärtigen Weltenlage wenigstens einige Jahrhunderte voraus zu rechnen und diese fernere Weltenlage zu beschreiben." Dieser Denkanstoß vonseiten Arps stieß jedoch überall auf taube Ohren. Täte man dies nämlich wirklich, müßte man doch wohl erkennen, daß es unter der Annahme, die Urknalltheorie sei richtig, eine konkret berechenbare Außengrenze des Universums geben müßte, hinter der keine Materie mehr existieren kann, weil die Ausdehnungsgeschwindigkeit endlich und der Anfang bekannt ist. Es ist zu befürchten, daß es eine solche Grenze nicht gibt. Es ist aber andererseits auch zu befürchten, daß man mit den heute etablierten Wissenschaftsorganisationen verhindern wird, Materie hinter dieser Grenze zu suchen, denn beim geringsten positiven Ergebnis wäre der Urknall ad acta zu legen und hätte endgültig ausgedient.

Halton C. Arp war in den Jahren nach 1950 einer der profiliertesten Astronomen seiner Zeit. Er wurde offiziell zu den 20 weltbesten Astronomen gezählt, seine Auffassungen gehörten zu den meist zitierten Grundlagen der astronomischen Wissenschaft – bis er durch seine Urknallkritik in Ungnade fiel und in kürzester Zeit weitgehend seine wissenschaftliche Autorität einbüßte und nur noch unter 200 anderen, zum Teil weniger bekannten Astronomen, genannt wurde. Doch ungeachtet dessen verließ er 1984 die USA, weil ihm dort die Forschungskapazitäten entzogen wurden und er deshalb keine Perspektive mehr für sich sah. Zu allem Widersinn mußte er nun auch noch erleben, wie ihm die Publikationsmöglichkeiten abgeschnitten wurden. Sein Hauptwerk, das den sehr bezeichnenden Titel „Seeing Red" (Rot sehend) trug, war in Kanada verlegt worden, aber es fand sich kein Verlag, der dieses Standardwerk ins Deutsche zu übertragen bereit war, um es damit einem breiten Publikum in Deutschland zugänglich zu machen. Arp haben all diese

Schikanen nicht verzweifeln lassen. Er schrieb dazu 1998 im Vorwort zu „Seeing Red“: „Ich nehme das alles nicht persönlich, aber ich schreie für die Wissenschaft“. Heute lebt Arp in Garching, Bayern und arbeitet am Max-Planck-Institut für Astrophysik.

Am 22.11.2004 gab es völlig unerwartet eine sehr überraschende Meldung aus dem Vatikan. In einem Dokument der Theologenkommission, „Gemeinschaft und Dienst“, heißt es: „...daß die Urknall-Theorie nicht der Annahme widerspreche, daß die Materie auch vor dem großen Knall als Schöpfung Gottes existiert habe. Es ist wissenschaftlich nicht unzulässig, einen vor dem Urknall liegenden Uranfang anzunehmen.“ (10)

Dieses Dokument kommt einem Aufschrei gleich, denn es schien eine radikale Wendung des Vatikans in den Ansichten zur Schöpfung zu sein. Vor seiner Veröffentlichung wurde das Dokument vom Präsidenten der Theologenkommission, Joseph Kardinal Ratzinger, geprüft und offiziell als richtig eingestuft. Ein solch radikaler Dogmenwechsel des Vatikans stieß in der Öffentlichkeit jedoch auf Skepsis, Verwunderung und teilweise auch auf Ablehnung. Bei den meisten Wissenschaftlern blieb das Interesse sehr begrenzt. Schließlich bedeutete dieser Sinneswandel der Kirchenobrigkeit ein jähes Ende einer langjährigen „Naturforschung“ im Dienste einer „Weltschöpfung“. So hüllten sich denn die Befürworter eines „Anfangs der Welt“ vorerst einmal lieber in Schweigen. Ein knappes halbes Jahr nach diesem klerikalen Aufbruch ereilte Kardinal Ratzinger das Schicksal, Papst zu werden. Dadurch änderte sich die Lage noch einmal grundsätzlich. Eine breite Öffentlichkeit interessierte sich nun für alle Schriften und Aussagen, die irgendwann einmal unter Ratzingers Verantwortung ausgegeben wurden. Es war ein Desaster. Der Vatikan hatte mit seinem „Uranfang vor dem Urknall“ große Unsicherheit und Verwirrung untern den Kosmologen angerichtet.

Was war passiert? Hat damit der Vatikan die Urknalltheorie selbst verworfen? War das plötzlich alles Unsinn? War die ganze bisherige „Forschungsarbeit“ nutzlos, umsonst gewesen? Wie konnte die Welt mit einem Urknall entstehen, wenn es sie doch schon gab? Oder ist das etwa ein Befreiungsschlag für die Eröffnung neuer kosmologischer Forschungen? Haben jetzt die Widersacher der Urknalltheorie wieder bessere Forschungschancen? Wenig zu erwarten, daß dem Vatikan die Tragweite dieser Eröffnung nicht bewußt war. Sichtbar ist aber, daß seither die Kritiker der Weltschöpfungstheorie deutlich mehr Gehör finden und sie sich nun auch mit großer Brisanz artikulieren.

Ist jetzt der Freiraum entstanden, in dem auch andere Bewegungsmodelle der kosmischen Materie wieder zulässig werden und erforscht werden „dürfen“? Was bisher niemand zu sagen wagte und sich keiner zu erforschen traute: Die Urknalltheorie könnte einen herben Schlag erhalten, wenn man eine Galaxie entdeckte, die eine nach der Urknallogik nicht mögliche Richtung hätte, sich also möglicherweise quer zu den anderen Galaxien oder gar auf uns zu bewege. Die erste solche Galaxie wurde tatsächlich im Jahre 1980 gefunden. Dies ist ein unübersehbarer Hinweis auf die Haltlosigkeit der Urknallhypothese.

Aber es wurde noch mehr gefunden. Man entdeckte jenseits des Sternbilds der Jungfrau einen gewaltigen Sternhaufen, dem sich andere Galaxien, darunter auch unsere Milchstraße, mit einer Geschwindigkeit von 444 km/s nähern. Der Durchmesser dieser Supergalaxie beträgt nach NASA-Angaben rund zwei Milliarden Lichtjahre. Wie NASA-Wissenschaftler George Smoot erklärt, legt dieser Sternhaufen die Vermutung nahe, daß sich die Materie des Alls niemals explosionsartig und gleichmäßig ausgebreitet haben kann. (16) Die recht vorsichtige Formulierungsweise Smoots mag daherrühren, daß auch er nicht völlig frei von dem Urknall-Zwang ist.

Man kann nun aber mit hoher Überzeugung erahnen: Es wird nicht ausbleiben, daß man in näherer Zukunft auf den Abbè Lemaitre und alles, was ihm folgte, eine deutlich andere Sicht entwickeln wird.

12. Von der Unfehlbarkeit der Wissenschaft

Gleichungen sind wichtiger für mich, weil
die Politik für die Gegenwart ist, aber eine
Gleichung etwas für die Ewigkeit.
Albert Einstein

Wenn wissenschaftliche Arbeit betrieben wird, stellt man sich als Wissenschaftler auch solche Fragen: Ist die Wissenschaft unfehlbar? Ist immer alles richtig, was im Namen der Wissenschaft herausgegeben wird? Dazu muß ganz am Anfang eine andere Frage gestellt werden, nämlich: Gibt es eine unabhängige Wissenschaft? In meinem nun doch schon einige Jahrzehnte dauernden Leben habe ich die ganz klare Erfahrung gemacht: Nein, es gibt sie nicht. Wissenschaft ist immer eingebunden in die gesellschaftlichen Verhältnisse, und häufig steht sie auch in deren Diensten. Damit ist in keiner Weise gesagt, daß Wissenschaft nicht im Dienste der menschlichen Gesellschaft stehen darf. Die Wissenschaft soll schließlich dem Menschen dienen. Wenn aber dieser Dienst dazu verwendet werden soll, die wissenschaftliche Forschung zu behindern oder gar zu fälschen, so muß das bekämpft werden. Wenn man also wissenschaftliche Ergebnisse auf einem beliebigen Gebiet zur Hand nimmt, ist stets die Frage wichtig: Von wem kommen sie, wer hat sie hervorgebracht? Wenn man ein wissenschaftliches Gutachten verwenden will, muß man also wissen, wer es in Auftrag gegeben hat und wer es bezahlt. Stets wird es zu dessen Gunsten ausfallen, auch wenn die thematische Logik etwas anderes verlangt, wenn also so mancher Wissenschaftler eine ganz andere Ansicht hat und sie auch beweisen kann. Sehr oft tritt auch der Fall ein, daß eine wissenschaftliche Erkenntnis schon lange allgemein bekannt und unwiderlegbar ist, jedoch keinen Eingang in die Praxis findet. Althergebrachtes ist so fest eingefahren, daß niemand daran zu rütteln vermag. Und neues ist oft unerwünscht, weil es mit Nachteilen für bestimmte gesellschaftlichen Gruppen verbunden ist. Wenn diese Gruppen dann auch noch Macht haben, werden sie das Neue, auch wenn es unwiderlegbar richtig ist, zu unterbinden wissen.

Betrachten wir das Beispiel der Uhrzeitumstellung auf Sommer- und Winterzeit in Europa. Einst war es ein euphorisch propagiertes Mittel zur Energieeinsparung. Seit Jahrzehnten ist bekannt, daß dieser Effekt nicht eingetreten ist, neueren Studien zufolge auch gar nicht eintreten kann. Das ganze war ein wissenschaftlicher Irrtum. In

Deutschland wurde die Zeitumstellung mehrmals verändert. So gab es Zeitumstellungen schon in den Jahren 1916 bis 1918, dann wieder 1940 bis 1949. Von 1950 - 1980 gab es keine Sommerzeit, jedoch existierten vor diesem Zeitraum bereits mehrere Sommerzeiten, so gab es 1947 neben der Sommerzeit sogar noch eine Hochsommerzeit. Vorteile hat die Umstellung bisher nicht gebracht. Aber Nachteile bringt sie viele. Man bedenke nur den organisatorischen Aufwand bei der Umstellung von Fahr- und Flugplänen aller Art landesweit und europaübergreifend, der zweimal jährlich entsteht. Allein die Deutsche Bahn stellt 120.000 Uhren um. Man bedenke auch den Aufwand bei der Umstellung der Normaluhren der Zeitdienste in ganz Europa, der nicht unerheblich ist, denn das sind komplexe elektronische Einrichtungen, an denen man nicht einfach die Zeiger verdrehen kann. All diese Manöver kosten am Ende auch eine ganze Menge Geld. Und man bedenke auch die Schwierigkeiten vieler Menschen, die noch Tage nach der Umstellung Probleme mit ihrem biologischen Zeitablauf haben. Trotz all dieser Einwände hat niemand den Schneid, endlich einen Schlußstrich unter diese unnützen Manöver zu ziehen. Dafür ist aber nicht die Wissenschaft verantwortlich, sondern die Politik. Sie muß nämlich die Befähigung erlangen, wissenschaftliche Erkenntnisse aufzunehmen, sachkundig zu bewerten und zweckdienliche Entscheidungen zu treffen. Und daran scheint es in dieser Sache zu scheitern. Als erstes Land hat nun Rußland entschieden, ab 2011 nach der Umstellung im Frühjahr die Sommerzeit dauerhaft gelten zu lassen. Präsident Medwedew hatte dies im Februar angekündigt. Ein wenig seltsam ist jedoch der zweite Teil seiner Begründung, die Zeitumstellung verursache „Streß und Krankheiten“ und bringe den menschlichen Biorhythmus durcheinander. Außerdem verstünden Kühe die Zeitumstellung nicht. Die Tiere könnten nicht begreifen, „daß sie nun zu einer anderen Zeit gemolken werden.“

Aus der Reihe der großen wissenschaftlichen Irrtümer, die noch immer weltweit angewendet werden, sei auch der sogenannte Body Mass Index (BMI) genannt. Es ist ein wissenschaftlich völlig unhaltbarer Unsinn, eine Körperfülle berechnen zu wollen, indem man eine Masse auf eine Fläche bezieht (der BMI berechnet die Körperfülle aus dem Verhältnis der Körpermasse zum Quadrat der Körperhöhe). Masse ist an Raum gebunden, eine Fläche hat keine Masse. Das lernen schon die Kinder in der Grundschule. Und obwohl der BMI längst wissenschaftlich widerlegt ist, und obwohl seit Jahrzehnten richtige, also wissenschaftlich tragfähige Verfahren erarbeitet sind und anwendungsbereit zur Verfügung stehen, wendet kaum jemand sie an. (18) Mit Ausreden wird es begründet, wie zum Beispiel „zu komplizierter Rechenansatz“ oder „der BMI habe sich bewährt“ oder „es ist doch gleichgültig, wie man rechnet“. Die Mediziner, die Sportmediziner, die Modeschöpfer, die Lebensmittelindustrie, alle amerikanischen Lebensversicherungsgesellschaften und viele andere Bereiche arbeiten mit einem völlig untauglichen Maß für die Bestimmung einer Körperfülle. Bei den amerikanischen Versicherungsgesellschaften werden mit Hilfe dieses Verfahrens Risikofaktoren berechnet, nach denen sich dann die Versicherungsprämien richten. Strenggenommen ein Betrug an den Kunden, die eine Reihe absurder Berechnungen über sich ergehen lassen müssen, welche keinerlei brauchbare Beurteilungskriterien liefern. Schlimmer noch. Allen Beteiligten ist die Untauglichkeit der Methode bekannt, aber alle reagieren darauf mit weiteren untauglichen Vorgehensweisen, indem die ermittelten aussagelosen Werte mit allerlei aus der Luft gegriffenen Randbedingungen, Tabellen und Grafiken korrigiert und manipuliert werden, bis vom Meßwert nichts mehr übrig ist. Es soll damit der Anschein einer wissenschaftlichen Korrektheit erlangt werden, die in der Realität in keiner Weise vorhanden sein kann, weil der Grundansatz völlig falsch ist. Der ist wahrlich vergleichbar mit einem Teppichhändler, der die Preise für seine Teppiche nach deren Breite festlegt, ohne zu beachten, daß sie ganz unterschiedlicher Länge sind.

Ein ebenfalls weit verbreiteter wissenschaftlicher Irrtum ist die Theorie des „Elektrosmogs“. Man will die technisch weniger gebildeten Menschen glauben lassen, stromführende Kabel in der Umgebung seien gesundheitsschädlich. Die Verbreitung dieses Irrtums hat nun schon eine ganze Industrie hervorgebracht, die sich mit der Produktion von Geräten befaßt, mit denen zum Beispiel nachts in Wohnungen die elektrischen Leitungen stromlos geschaltet werden. Auf der gleichen Linie liegen die Gerüchte von der Schädlichkeit der Abstrahlungen von Funktelefoneinrichtungen mit den Sendemasten und den Funktelefonen. Durch unqualifizierte Argumentationen aus verschiedenen Bereichen werden immer noch Angstvorstellungen in der Bevölkerung genährt, ohne daß jemals etwas bewiesen wurde. Es gibt in großer Zahl in ihren Grundzügen völlig unterschiedliche sogenannte Gutachten, die allesamt ausschließlich auf leeren Spekulationen fußen. Wissenschaftlich sind sie alle gegenstandslos. Manchmal wird der Unfug auf die Spitze getrieben. So fand ich im Jahre 2002 in der Märkischen Oderzeitung einen Artikel mit der

Aussage, daß 450 Soldaten, die an amerikanischen Radargeräten gearbeitet haben durch „radioaktive“ Verstrahlung an Krebs erkrankt seien. (19) Der Autor dieser Aussage hat vermutlich noch nie etwas über Radartechnik gehört.

Die Menschheit ist in der Geschichte durch viele solche Irrtümer gegangen, die erst viel später ausgemerzt werden konnten. Man denke nur an die Zeit der Erfindung der Eisenbahn, in der es anfangs des 19. Jahrhunderts viele Gegner gab, die behaupteten, diese enorme Geschwindigkeit – damals 30 km/h – mache die Menschen krank. Oder: Als die elektrische Glühlampe in den 1870er Jahren praktisch eingeführt wurde, gab es viele Gegner, die der Überzeugung waren, durch die enorme Helligkeit – immerhin das Vielfache einer Kerze – würden sich die Menschen das Augenlicht schädigen. Eine Zeitlang hatte man bodenberührende Gummistreifen an Fahrzeugkarossen geschraubt, um nach dem Anhalten die durch Luftreibung entstandene Aufladung abzuleiten. Ein Irrtum, der nun überwunden zu sein scheint. Die Reifen mit ihrem hohen Auflagedruck und der wesentlich größeren Berührungsfläche tun dies viel besser. (20) Es gab auch Zeitgenossen, die die Gutgläubigkeit der Menschen benutzten, um wissenschaftliche Scherze zu machen. In den 70er Jahren des vergangenen Jahrhunderts hielt sich über Monate eine durch die DDR-Zeitschrift „Radio und Fernsehen“ verbreitete Auffassung, eine Leuchtstoffröhre, auch defekt, könne als UKW-Antenne verwendet werden, wenn man nur ein Bandkabel so weit längs auftrennt, daß man es an beiden Enden der Röhre anschließen kann. Verschiedene Versuche brachten tatsächlich scheinbar ein Ergebnis. Natürlich war bald klar: Die Röhre war es nicht, das Kabel selbst war zum Dipol geworden. Um der Wahrheit die Ehre zu geben – die Mitteilung war als Aprilscherz gedacht und auch so veröffentlicht worden.

Ein schwerwiegender wissenschaftlicher Irrtum besteht in der deutschen Energiepolitik, in der sich die Auffassung festgesetzt hat, man könne den Energiebedarf des Landes mit Windkraft, Photovoltaik und erneuerbaren Energieträgern decken. Daß dies nicht möglich ist, weiß man spätestens seit dem Erscheinen des Buches von Prof. Dr. Hans-Werner Sinn, *Das grüne Paradoxon*, wenn man es denn lesen will. Mit exakten Berechnungen wird darin die Unmöglichkeit der Realisierung dieser Auffassung nachgewiesen. Da hierbei aber nicht die Wissenschaft, sondern die Politik die treibende Kraft ist, werden alle wissenschaftlichen Erkenntnisse vehement bestritten und beharrlich ignoriert. Die deutsche Politik, so scheint es, steht über den Dingen. Wenn sie meint, es geht, dann hat es zu gehen. Da herauszukommen ist äußerst schwierig, weil diese untaugliche Politik eine schier unglaublich wissenschaftsferne Propaganda entfacht, mit der sie eine Masse nach sich zieht, die so wenig davon versteht, daß sie wohl nicht in der Lage sein wird, eigenständig den Grundirrtum zu erkennen. Die Masse verhält sich so, als müsse man das alles gar nicht wissen: „Die Quadratur des Kreises? Natürlich geht das, ich habe es nur noch nicht aufgeschrieben." Es wird eine Euphorie entfacht, die eines Tages zum Erwachen mit Schrecken führen wird. So glaubt man sicher, die Zahl der Atomkraftgegner vergrößern zu können. Man gewinnt zunehmend den Eindruck, daß ein wissenschaftliches Problem für den permanenten Wahlkampf zurechtgestutzt wird. Unsere Nachbarstaaten Frankreich, Tschechien und Polen werden wohl kaum den Kernkraftgegnern in Deutschland widersprechen. Man verdammt doch nicht eine Kraft, die einen großen Gewinn verspricht, wenn dereinst durchgesetzt wird, daß Deutschland ohne Kernkraft dasteht und seinen Strom von französischen, tschechischen oder polnischen Kernkraftwerken kaufen muß. Dort freut man sich schon darauf. Die panische Angst der deutschen Kernkraftgegner vor einem Atomunfall nimmt immer groteskere Formen an. Insbesondere nach der Katastrophe in Japan im März 2011 glaubt man nun endlich den Stoff gefunden zu haben, mit dem die deutsche Geisterfahrt in der Weltatompolitik endgültig durchzusetzen ist. Kein Wort verwendet man für die Tatsache, daß in Europa eine geologische Lage herrscht, die ähnliches mit Sicherheit ausschließt. Alles wird aufgeboten, um eine übertriebene Panikstimmung zu erzeugen. Das ist keine Wissenschaftlichkeit, das ist frenetische Agitation und Propaganda. (7) Dazu erhebt sich dann noch die Frage, wie denn in Deutschland eine höhere Sicherheit entstehen soll, wenn die Kernenergie abgeschafft wurde, aber ringsum an den Grenzen des Landes in den Nachbarstaaten noch mehr Kernkraftwerke stehen, um Deutschland mitzuversorgen.

Auch in der Geschichtswissenschaft findet man solche grundlegenden Fehler vor. Jedoch ist das folgende kein Irrtum, sondern ausschließlich gezielte Propaganda. Der Islam gehöre zu Deutschland, postulierte Bundespräsident Christian Wulff in seiner Rede zum 20. Jahrestag der Wiedervereinigung Deutschlands. Welche Forschungen man auch immer in der deutschen Geschichte betreibt, es findet sich darauf keinerlei Hinweis. Da das Argument aber durch den Bundespräsidenten ganz sicher nicht aus Unkenntnis verbreitet wurde, muß man es wohl eindeutig in den Bereich der bewußten Geschichtsfälschungen einordnen. Tatsache ist, daß die massenweise Zuwanderung von Menschen moslemischen Glaubens nach Deutschland kein historisch gewachsener oder natürlicher Prozeß ist, sondern auf eine jahrzehntelange falsche Einwanderungspolitik deutscher Regierungen zurückgeführt werden muß, die nun mit solcher Art Geschichtsfälschung nachträglich legalisiert werden soll. Viele dieser Zuwanderer sind nicht gekommen, um sich an der Entwicklung Deutschlands zu beteiligen und ihre Kraft dafür einzubringen, sondern weil sie hier Geldgeschenke erhalten können, die es in keinem anderen Land gibt.

Ein anderes Problem in der Geschichtsforschung zeigt sehr deutlich das Nachhinken der gesellschaftlichen Praxis hinter wissenschaftlichen Erkenntnissen. Christoph Columbus hat Amerika entdeckt? Der erste Europäer, der das nordamerikanische Festland gesehen hat, dürfte Bjarni Herjúlfsson gewesen sein. Er kam 986 auf der Fahrt von Island nach Grönland vom Kurs ab und berichtete später von „bewaldeten Hügeln im Westen“. Das gesichtete Land erkundete er aber nicht weiter. Seit langer Zeit ist bekannt, daß schon um das Jahr 1000 herum Grönländer unter der Führung Leif Erikssons auf einem nördlichen Seeweg dort waren. Sie hatten aber die Tragweite ihrer Anlandung nicht erkannt. So ist der Umstand wieder in Vergessenheit geraten, bis schließlich Columbus auf der Suche eines Seeweges nach Indien am 12. Oktober 1492 in der Karibik ankam. Das amerikanische Festland erreichte als erster Giovanni Caboto. Als selbständiger Kontinent wurde Amerika erst 1507 durch den Italiener Amerigo Vespucci erkannt. Martin Waldseemüller benannte ihn nach ihm im selben Jahr als „America“. Man müßte ja nun sachlich richtig die Landung Columbus’ in Amerika relativieren, aber das tut niemand.

Ein deutliches, unbegründetes Zurückweichen der Wissenschaft vor der Politik zeigt sich in der Klimaforschung. Die allgemeine Klimaerwärmung wird in der Politik so dargestellt, als wäre der Mensch der alleinig Verantwortliche. Ist er aber nicht. Gegenwärtig nicht, und auch in weitreichender Zukunft nicht. Auf der Erde laufen seit Millionen Jahren Schwankungsprozesse in der Temperaturverteilung durch geologische und kosmische Kräfte ab. Seriöse Wissenschaftler wissen das. Kennen wir die Ursachen? Niemand kennt sie, niemand weiß es, aber alle Welt behauptet, die Ursachen zu kennen: Es sei der Mensch allein. Die Veränderungen gab es schon, bevor das Leben auf der Erde begann und es noch lange keine Menschen gab. Ganz sicher hat der Mensch einen Einfluß drauf. Aber in welcher Größenordnung er liegt, wird durch die Politik häufig verschwiegen. Es existieren Berechnungen, die von einstelligen Prozentzahlen ausgehen. Die allgemeine Klimaerwärmung ist wahrlich keine menschengemachte Tatsache. Es wird aber gezielt so dargestellt, um den Menschen ein schlechtes Gewissen einzureden für eine Handhabe, so allerlei Abgaben und Gebühren zu erfinden. Man kann berechnen, daß der Durchmesser der Sonne durch den Masseverlust wegen der Energieabstrahlung und der damit verbundenen sinkenden inneren Gravitation größer wird. Das wird zwingend eine Temperaturerhöhung auch auf der Erde mit sich bringen. In einer fernen Zukunft wird sie deshalb unbewohnbar werden, das Leben wird dann zu Ende gehen. Die Auswirkungen werden aber erst in einigen Milliarden Jahren sichtbar werden. Sollte die Intelligenz bis dahin überleben, wird sie dann sicher in der Lage sein, andere bewohnbare Gestirne ausfindig zu machen und zu besiedeln. Ich bin der Überzeugung, es ist eine gigantische Selbstüberschätzung, das Wirken der Menschen mit dem Wirken der geologischen und kosmischen Kräfte auf dieselbe Stufe stellen zu wollen.

Heute wäre die Menschheit besser beraten, das Thema Bevölkerungsexplosion nicht länger totzuschweigen. Alle Politiker weltweit mogeln sich an diesem Thema vorbei. Der exponentielle Anstieg der Weltbevölkerungszahl, der sich entgegen verschiedentlichen Behauptungen nicht abschwächen wird, ist ein weit ernsteres Problem, da bereits gegenwärtig die Möglichkeiten der vollständigen Rückführung der verbrauchten Ressourcen in die Natur überschritten sind. Es gibt kein Lösungsrezept, aber gar nichts zu tun, ist wohl die schlechteste Art des Herangehens. Der englische Philosoph Thomas Robert Malthus (1766-1834), der das Problem als erster schon im Jahre 1798 ansprach, hat falsche Schlüsse abgeleitet. Er setzte zur Verringerung der Bevölkerungszahl auf Kriege und Seuchen. Dafür wurde er zu recht verdammt. Aber war seine Grundidee falsch? Unter Annahme der Fortsetzung des gegenwärtigen Wachstums wird die Bevölkerung der Erde am 12.09.2011 die Grenze der 7 Milliarden überschreiten. Am 24.06.2020 werden es 9 Milliarden sein. So wird mit zunehmender Geschwindigkeit die Größenordnung erreicht, bei der der Mensch seine Existenzgrundlage selbst zerstört. Es ist an der Zeit, die Zeichen zu sehen.

Wissenschaft im Dienste der Gesellschaft geht auch bisweilen skurrile Wege. So wurde in Deutschland auf dem Kraftstoffsektor ein sogenannter Biokraftstoff mit 10% Ethanol entwickelt (E10) und ohne ausreichende Prüfung aller damit verbundenen Umstände mit großen Tönen in die Praxis überführt. Dann stellt sich heraus, daß durch eine miserable Informationspolitik die Autofahrer gar nicht wissen, ob sie den Kraftstoff in ihren Motoren schadlos verwenden können. Der Kauf wird deshalb landesweit verweigert. Und erst in diesem Streit kommt dann heraus, daß das Ganze aus wissenschaftlicher Sicht ein Desaster ist. Ein Irrglaube, der nichts für die Umwelt bringt, da die vorgegaukelte Verringerung des CO_2-Aufkommens nicht eintritt, und auch nichts für den einzelnen, weil der Kraftstoff, wenn er denn verwendet werden kann, zu einem Mehrverbrauch führt, der die Einsparungen durch einen geringeren Preis kompensiert. Insgesamt eine fixe Idee, die außer einem Riesenwirbel unter den verunsicherten Verbrauchern nichts gebracht hat, außer kräftigen Gewinnen für die Mineralölkonzerne, die den Preis für Super-Kraftstoff erhöht haben, damit ein „Anreiz“ zum Kauf von E10 geschaffen wird.

Die verhängnisvollsten Wissenschaftsfälschungen liegen immer dann vor, wenn Werbesprüche in ihrer gesamten Unqualifiziertheit zur Wissenschaft erhoben werden und den Menschen unter dem Deckmantel der Wissenschaft absurde Dinge verkauft werden sollen, die von Unternehmen verschiedener Art beworben werden. So ist zum Beispiel die Behauptung, daß fettlose oder stark fettreduzierte Ernährung auf Dauer gesund sein soll, ein völliger Unfug. Kein Arzt wird das empfehlen, nur die Werbung. Es kommt wie bei vielen Dingen auf das Maß an. Zu viel macht krank, zu wenig auch. Das biologische Objekt Mensch hat sich aus den fleischverzehrenden Lebensformen entwickelt. Und so brauchen wir auch heute noch Fleisch und Fett für den Fortbestand der Art. Das kann man ganz sicher nicht durch ideologische Eingriffe ändern. Aber genau diese Art Werbung hat in der Gesellschaft zu einem Schlankheitswahn insbesondere bei Frauen geführt, der den Herstellern dubioser, häufig wirkungsloser Diätpräparate satte Gewinne beschert.

Auch auf dem Gebiet der Wirtschaftswissenschaften gibt es landesweit verbreitete Irrtümer, die auch nach vielen Jahren nicht weichen wollen. Zum Beispiel installiert das deutsche Unternehmen T-Mobile in vielen Hotels des Landes seit Jahren sogenannte Hotspots. Das ist eine verunglückte Bezeichnung für Geräte, mit denen

Gästen drahtlose Internetzugänge angeboten werden. Die Preise liegen dabei zwischen 5 und 8 Euro je Stunde, das sind 8,3 bis 13,3 Cent je Minute. Falls man heute überhaupt noch einen zeitgetakteten Zugang findet, wird er für 1 bis 1,2 Cent je Minute angeboten. Jedoch sind zeitgetaktete Zugänge im Jahre 2011 und später seit einigen Jahren überholt, es gibt sie nicht mehr. Wir leben In einer Zeit, in der sich die Zugänge für Pauschaltarife (sogenannte flat rates) bereits allumfassend durchgesetzt haben. Viele Hotels und andere öffentliche Einrichtungen bieten ihren Gästen heute schon kostenlose Internetzugänge als Serviceleistung an. Deshalb ist nicht zu erwarten, daß man mit solchen „Hotspots" noch irgendein Geschäft betreiben kann. So hat dieser Irrtum denn auch ganz praktische Auswirkungen. „Hotspots" sind, ganz einfach gesagt, wirtschaftswissenschaftliche Fehlleistungen ohne nennenswerte Umsatzchancen. Alle wissen das, nur die Betreiber wollen es nicht erkennen.

In dieser Aufzählung darf auch eine der größten wissenschaftlichen Fehlleistungen auf dem Gebiet der Sprachwissenschaft nicht unerwähnt bleiben, mit der in den letzten Jahrzehnten die Völker deutscher Muttersprache malträtiert wurden: Die deutsche Rechtschreibreform. Gegen alle Warnungen von vielen Wissenschaftlern und Kulturschaffenden und gegen eine überwältigende Mehrheit der deutschsprechenden Völker wurde im Profitinteresse einiger Medienkonzerne eine sogenannte Reform veranlaßt und politisch durchgesetzt, die von inkompetenten, selbsternannten Sprach-„verbesserern" ausgearbeitet wurde. Sie hat in der deutschen Schriftsprache enormen Schaden angerichtet. Unter völliger Ignoranz wissenschaftlicher Grundsätze wurden sporadisch und prinzipienlos unbegründbare Änderungen an historisch gewachsenen und bewährten Schreibweisen vorgenommen, mit denen die deutsche Sprache an den Rand der Zerstörung geführt und im Ausland in Mißkredit gebracht wurde. (25) Das orthographische Regelwerk wurde in seiner Gesamtheit beseitigt und durch ein anderes, in großen Teilen unbrauchbares, ersetzt. In all den Jahren, in denen ich die vielen antidemokratischen Machenschaften zur Zwangseinführung dieser sogenannten Reform beobachtet habe, konnte ich fachwissenschaftlich kein einziges Detail erkennen, das der deutschen Sprache einen Vorteil oder einen Gewinn gebracht hätte. Das ist auch der Grund dafür, daß ich in meinen Veröffentlichungen, wo auch immer sie erscheinen, das reformierte Deutsch nicht anwende. Die Bezeichnung „Neue deutsche Rechtschreibung" für das reformierte Deutsch ist irreführend. Was wohl ist neu an der Wiedereinführung von Schreibweisen, die schon vor Hunderten Jahren durch natürliche Sprachentwicklung zu Gunsten einer modernen Schriftsprache aufgegeben wurden?

Bei all diesen Erörterungen gehen ganz sicher solche Kleinigkeiten wie die Sprüche der Staatsführer in sozialistischen Staaten unter ... es sei wissenschaftlich nachgewiesen, der Sozialismus habe in der Welt unwiderruflich und unumkehrbar gesiegt. Wir haben es alle gesehen, der wissenschaftliche Sozialismus ist ein ausgeträumtes Märchen. Der wissenschaftliche Sozialismus ist nach logischen Erwägungen eine verwendbare Theorie, aber die Menschheit als ganzes hat für solche Gesellschaftsstrukturen noch auf lange Sicht keine ausreichende Reife.

Schaut man bei all diesen beschriebenen Vorgängen noch einmal auf die Urknalltheorie, so kann man die Haltung zu ihr relativieren. Sie ist nicht der einzige wissenschaftliche Irrtum. Sie reiht sich ein in die großen wissenschaftlichen Fehlleistungen der Welt. Und man erkennt auch hier die Abhängigkeit der Wissenschaft von den gesellschaftlichen Kräften. Wissenschaft steht immer im Dienste gesellschaftlicher Strukturen, in diesem Falle im Dienste des Klerus. Zur Stützung des Glaubensdogmas wird die Wissenschaft bemüht, leider nicht ohne Erfolg.

13. Skurrile Ideen zum Universum

Zwei Dinge sind unendlich,
das Universum und die menschliche Dummheit,
aber bei dem Universum bin ich mir noch nicht ganz sicher.
Albert Einstein

Unter dem Vorwand, mehr zu verstehen als andere, greifen verschiedene selbsternannte „Wissenschaftler" zu wundersamen Mitteln, sich in den Mittelpunkt der Betrachtung rücken zu wollen.

Weil kosmologische Probleme häufig sehr schwer beweisbar sind, entstehen mitunter recht skurrile Auffassungen zur Astronomie und zur Astrophysik. Nur weiß man häufig nicht, ob es nicht mehr Angeberei ist als das Bestreben, zur Lösung von Problemen beizutragen. Ganz ehrlich zugestanden glaube ich, daß dieser Prozeß wohl schon durch Lemaitre in Gang gesetzt wurde. Eingeleitet durch die Urknallhypothese, die ein beträchtliches Potential an Unbegreifbarem hat und eine große Menge an realitätsfremdem, lebensfernem, rein spekulativ Ersonnenem in sich trägt, sprießen die unwirklichsten Vorstellungen aus vielen Kreisen sogenannter Kosmologen.

Ein nützlicher Vorgang ist dies beileibe nicht. Eine ganze Grundlagenwissenschaft, die Kosmologie, wird dadurch in den Ruf einer Pseudowissenschaft heruntergezogen. Jede Theorie ist gerade recht, nur genügend unverständlich muß sie sein. Je weniger sie auf logischen Grundpfeilern steht, umso besser scheint es für ihre Autoren zu sein.

Lemaitre offerierte, ich hatte es ja schon behandelt ...ein kosmisches Ur-Ei, ein Uratom, das durch fortwährende Kernspaltung das ganze Universum hervorgebracht habe... Kann man sich einer solchen Theorie zuneigen, wenn es andererseits Erklärungen gibt, die der Mensch verstehen und mit dem Verstand einigermaßen erfassen kann? Einer Theorie, die obendrein noch untauglich ist, die Mehrzahl der entstehenden Fragen wenigstens einer Lösung näher zu bringen? Einer Theorie, die um ihrer selbst willen und zur eigenen Erhaltung dann noch weitere transzendente Unvorstellbarkeiten bemühen muß, um nicht wegen ihrer Unfähigkeit zur Erklärung der Probleme ins Abseits zu geraten? Unendliche Energiedichte ist schon für sich allein genommen ein Begriff, der Wissenschaftlichkeit vermissen läßt. Das einzige, zu dem er taugt, ist, für die Begründung herzuhalten, daß die Naturgesetze nicht gelten sollen. Nun soll diese unendliche Energiedichte dann auch noch ohne Masse und zudem noch ohne Raum und Zeit bestanden haben und in einem Punkt, der gar nicht definierbar ist, weil es Raum und Zeit nicht gegeben haben soll. Das ist schon alles recht undurchdringlich und sehr dafür geeignet, jeder Art Phantasterei den Weg zu ebnen. Eine Wissenschaft, die sich außerhalb der Naturgesetze zu positionieren versucht, ist schon in höchstem Maße suspekt. Die meisten Menschen der Welt, darunter sind auch sehr viele hochkarätige und seriöse Wissenschaftler, sind für solchen wissenschaftlichen Anarchismus nicht zu begeistern.

Die Deutsche Physikalische Gesellschaft faßt im Jahre 2000 die Forschungsergebnisse der letzten Jahre in einer Weise zusammen, in der man nicht mehr den Eindruck hat, es handle sich um eine Einrichtung der Wissenschaft, sondern eher um eine Religionsgesellschaft: „Es scheint, daß es in der Tat der modernen Wissenschaft gelungen ist, durch geniales Zurückgreifen um Hunderte Jahrmillionen irgendwie Zeuge zu sein von jenem am Uranfang stehenden ‚Fiat lux', als die Materie ins Dasein trat und ein Meer von Licht und Strahlung aus ihr hervortrat, während sich die chemischen Elementarteilchen absonderten und zu Millionen von Milchstraßensystemen vereinigten... Die Erschaffung also in der Zeit; und deshalb ein Schöpfer; und folglich ein Gott. Das ist die Kunde, die wir, wenn auch nicht ausdrücklich und ausschließlich, von der Wissenschaft verlangten und welche die heutige Menschheit von ihr erwartet." Ach ja, wirklich?

So entstehen dann auch höchst eigentümliche Äußerungen auch seriöser Wissenschaftler. Von Stephen Hawking zum Beispiel stammt ein Ausspruch, der Aufmerksamkeit zu erregen vermag: „Gott mag dereinst die Naturgesetze erlassen haben, aber dann hat er sich nicht mehr eingemischt." Es ist nicht angegeben und auch nicht überliefert, ob Hawking damit im Hinblick auf die Schöpfungsidee einen Scherz oder eine satirische Bemerkung gemacht hat, oder ob er es damit ernst meinte. Inhaltlich ist das Zitat aber nach meinem Empfinden grotesk. Gläubige könnten es als beleidigend empfinden, weil sie ja davon ausgehen, daß Gott alles lenkt. Atheisten könnten vermuten, daß Hawking eine Gläubigkeit in sich trägt, die ihm am Ende den Zugang zu weiterreichenden Erkenntnissen versperrt.

Ein anderes Argument dieses doch ernstzunehmenden Wissenschaftlers läßt aufhorchen. Vor dem Urknall, so Hawking, sei die Zeit rückwärts gelaufen, auf diese Weise sei das Universum implodiert. Was ist das nun? Ein Irrtum? Profilierungsgehabe? Oder auch nur ein grotesker Scherz? Profilierungsgehabe kann man ausschließen. Das hat er ganz sicher bei seinen Leistungen und Forschungsergebnissen nicht nötig. Also Irrtum oder Scherz. Wir können es nicht wissen.

Es sind außergewöhnliche Ideen aber auch schon aus viel früherer Zeit bekannt. Von Urknall war zu dieser Zeit noch keine Rede, aber das logische Denken hat es ja schon gegeben. Aber was auf diesem Gebiet im Jahre 1808, etwa dreihundert Jahre nach der kopernikanischen Wende, von einem Wissenschaftler namens Dr. Johann Heinrich Jung (1740-1817), genannt Stilling, hervorgebracht wurde, ist schon ein ganz erstaunlicher Schlag. Das Werk heißt *„Theorie der Geisterkunde, in einer Natur- Vernunft- und Bibelmäßigen Beantwortung der Frage: Was von Ahnungen, Gesichten und Geistererscheinungen geglaubt und nicht geglaubt werden müsse."* (Nürnberg 1808). Wenn man nach mehrmaligem Lesen dann den Titel einigermaßen dekodiert hat, erkennt man, daß auch hier Naturwissenschaft, Vernunft und in der Bibel offenbarte Geschichten zu einem abgestimmten Drei-Gänge-Menü vereinigt werden sollen. Es ist – besser vielleicht: es war – eine Theorie der Geisterkunde, die mit hohem wissenschaftlichen Anspruch die wahre Existenz von Geistern beweisen sollte. Jung-Stilling ist der „unwidersprechliche Beweis" für eine Theorie gelungen, vorausgesetzt, man bemüht sich, seinen logischen Salti mortali zu folgen. Das jedoch erweist sich als äußerst schwierig, wenn er ausführt: „Das alte Weltsystem, wo die Erde mit der Menschheit der Hauptgegenstand der Schöpfung ist, und sich alles andere um sie her bewegt, ist die natürlichste, allen Menschen sich aufdringende Vorstellung; sie läßt sich auch am leichtesten mit den Vorstellungen der übersinnlichen Welt vereinbaren, und ist also für uns das wahreste System; das kopernikanische hingegen, ist durch Vernunftschlüsse entstanden, die sich auf die Wirklichkeit des Raums und der Zeit gründen, und also nicht wahr sind. Jeder vernünftige Mensch, der nur einigermaßen eines ruhigen und unparteiischen Nachdenkens fähig ist, muß und wird alles bisher Gesagte unwidersprechlich wahr finden. ..."(2)

Hier kräuselt sich nun schon die Hirnrinde, noch mal langsam: „...das kopernikanische hingegen, ist durch Vernunftschlüsse entstanden, die sich auf die Wirklichkeit des Raums und der Zeit gründen, und also nicht wahr sind." Die Wahrheit ist also nicht wahr. Wer hätte das gedacht! Wer solcher Logik zu folgen vermag, verfügt ganz sicher über außergewöhnliche Denkstrukturen.

Offenbar angefeuert durch die zweifelhafte Urknalltheorie, mit der großräumig die Spekulation in der Wissenschaft etabliert worden ist, erschien dann auf der Weltbühne der Physiker und Spezialkosmologe Frank J. Tipler. Er ist der vorläufig letzte, der sich der Mühe unterzieht, die katholische Kirchendoktrin mathematisch beweisen zu wollen. Es ist die allgemeine Not der Kirche, sich der Wissenschaft bedienen zu müssen, um nicht den eigenen Untergang herbeizuführen. In aller Form geschieht dies aus der Erkenntnis heraus, daß man sich mit fortschreitender Zeit immer weniger gegen die Wissenschaft stellen kann. Frank J. Tipler (geb. 1947 in Andalusia, Alabama, USA), hat aus der Erfolgsgeschichte der Urknalltheorie seine ganz eigenen Lehren gezogen und mit seinem Werk *Physik der Unsterblichkeit* eine noch weit ungereimtere Pseudowissenschaft draufgesetzt. Er sieht einen sogenannten Omegapunkt, in dem alle Toten wieder auferstehen werden und fortan die ewige Existenz verkörpern. Das ist ohne Zweifel Spinnerei als Mittel zur Profilierung, Unbegreiflichkeiten als Realitäten angeboten, die man zu verstehen vorgibt, wohl um sich über alle diejenigen zu stellen, die das naturgemäß nicht verstehen und als realitätsfremd ansehen. Nach eigener Aussage ist seine Theorie der „reinen physikalischen Forschung" die folgende: „Die Zeit ist gekommen, die Theologie in der Physik aufgehen, den Himmel ebenso wirklich werden zu lassen wie ein Elektron." Und weiter: „Im vorliegenden Buch will ich die Omegapunkt-Theorie beschreiben, eine beweisbare physikalische Theorie, die besagt, daß ein allwissender, allmächtiger Gott eines Tages in der fernen Zukunft jeden einzelnen von uns zu einem ewigen Leben an einem Ort auferwecken wird, der in allen wesentlichen Grundzügen dem jüdisch-christlichen Himmel entspricht."

Nun endlich geht die Theologie in der Physik auf. Physik ist nun nichts anderes mehr, als wissenschaftlich und mathematisch bewiesene Theologie. Es gibt nun keine Trennung mehr zwischen Ratio und Religio, zwischen Vernunft und Gefühl. Die Wissenschaft ist nun endlich in der Lage, das Dasein nach dem Tode zu beweisen und somit dieselbe tröstliche Kraft zu geben, wie auch die Religion. Tipler bemüht dazu in seinem Werk einen gigantischen, gloriosen mathematischen Apparat und versucht mit einem Großaufgebot an undurchdringlichen Formelsammlungen seine tröstlichen Ergüsse zu beweisen. Tipler, *Physik der Unsterblichkeit*: „Die Wissenschaft kann nun angesichts des Todes exakt denselben Trost spenden wie einst die Religion. Die Religion ist nun Teil der Wissenschaft." In der Fachwelt stoßen Tiplers Darstellungen auf heftige Kritik. Kritisiert wird vor allem, daß sein Szenario auf einer Vielzahl von unrealistischen Annahmen beruht, von denen jede so hochspekulativ ist, daß man sie ohne die Notwendigkeit, sie einzeln unterscheiden zu müssen, alle zusammen ins Reich der Phantasie verbannen muß. Seine sogenannten Beweise sehen noch wesentlich verheerender aus, als die Beweise im Abschnitt 7. dieses Buches.

Und dann wird die Absurdität gänzlich auf die Spitze getrieben. „Meine Studenten", so Tipler, „fragen mich oft: Gibt es Sex im Himmel? ... Ja, wer Sex wünscht, wird ihn haben. ... der Omegapunkt kann Partner zusammenbringen, die zueinander passen: ... Jeder Mann könnte sich nicht nur mit der schönsten Frau der Welt paaren, nicht nur mit der schönsten Frau, die je gelebt hat, sondern sogar mit der schönsten Frau, deren Existenz logisch möglich ist." usw. usf. Kurz, alles logisch Mögliche wird in einer fernen Zukunft zur Realität, die Träume, auch die sexuellen, werden wahr, das Paradies existiert tatsächlich, Frauen sind auch nicht klüger geworden und Sexobjekte geblieben – Tipler hat es physikalisch exakt mit einem schwerbeeindruckenden Wust undurchdringlicher Formeln „bewiesen". Monströs und verworren. Und er verkündet sein Wunschdenken bereits als wissenschaftliche Tatsache: „Die Theologie ist nichts anderes als physikalische Kosmologie." (2) Spinnt man diese Logik fort, so können dann Kinder gezeugt werden, die ausschließlich nach dem Omegapunkt existieren, die also nie real gelebt haben. Leben als wissenschaftliche Narretei! Wissenschaft adieu! Forschung als Dienstleistung für den Vatikan! Das alles schlägt den Urknalltheoretikern gut zubuche. Um ihre Theorie um jeden Preis zu erhalten, brauchen sie solche Theorien, die die Tatsachen völlig vermystifizieren. Je undurchsichtiger, desto besser, was man rational erfassen kann, muß falsch sein – damit nicht jemand auf die Idee kommt, man könne die kosmischen Vorgänge verständlich erklären.

14. Kosmologie – eine praxisirrelevante Wissenschaft?

Holzhacken ist deshalb so beliebt, weil man bei dieser Tätigkeit den Erfolg sofort sieht.
Albert Einstein

Bei einigen praktischen Überlegungen kommt mir mitunter der Gedanke, daß verschiedene Leser, die sich sehr bodenständig wähnen, die Frage aufwerfen könnten: „Was bringt es der Menschheit zu wissen, wie sich das Universum bewegt?“ Es ist dies die auch auf anderen Gebieten immer wiederkehrende Frage nach dem Nutzen der Grundlagenforschung. Auf vielen Gebieten der Naturwissenschaft und Technik nutzen wir die Errungenschaften, die in unserer Zeit Selbstverständlichkeiten sind, über deren Existenz sich niemand mehr tiefgründige Gedanken macht. Jedoch stand an deren Anfang eine vielfältige und umfangreiche, ja zum Teil mühsame Grundlagenforschung, die von unbeirrbaren wissenschaftlichen Köpfen vorangetrieben wurde und am Anfang meist ohne erkennbare Aussicht auf einen praktischen Nutzen für das Leben der Menschheit war. Erst viel später dann führten die Ergebnisse solcher Forschungen zu unverzichtbaren Entwicklungen und Anwendungen für das Leben der Menschen. Ohne diese Grundlagenforschung wären die meisten Entwicklungen und Erfindungen der Gegenwart überhaupt nicht möglich. Sehen wir in diesem Abschnitt einige Beispiele an, die das zeigen und anschaulich belegen.

Im Jahre 1780 machte Luigi Galvani (1737-1798) per Zufall die Entdeckung, daß Froschschenkel Kontraktionen ausführten, wenn sie mit Kupfer- und Eisenstäben in Berührung kamen, die untereinander verbunden waren. Ohne zunächst die Bedeutung dieser Entdeckung zu erkennen, hatte er einen Stromkreis hergestellt, der aus zwei Metallen (Kupfer und Eisen), einem Elektrolyten (Salzwasser) und einem Stromanzeiger (dem Muskel des Froschschenkels) bestand. Auch ohne die Erkenntnis, daß diese Entdeckung einmal eine große Bedeutung haben wird, wurden die Arbeiten an dieser Beobachtung fortgesetzt. Erst die zielstrebigen Forschungen durch Alessandro Volta (1745-1827), der sich mit der Spannungsreihe verschiedener Metalle befaßte, führte 20 Jahre später im Jahre 1800 zur Erfindung der Voltaschen Säule, der ersten funktionierenden galvanischen Batterie. Sie bestand aus übereinander geschichteten Elementen aus Kupfer- und Zinkplatten, die mit Textilien voneinander getrennt waren, welche zunächst mit Wasser bzw. Salzlake, später dann mit Säure getränkt wurden. Erst diese Erfindung ermöglichte die weitere Erforschung der Eigenschaften des elektrischen Stromes und die Anwendung der Elektrizität in der Chemie im folgenden Jahrhundert. Viel später erst konnten mit Hilfe von Batterien die magnetischen Eigenschaften der Elektrizität erforscht werden, die dann zu anderen Arten der Stromerzeugung führten. So hatte die Grundlagenforschung Luigi Galvanis viele Jahrzehnte lang keinen praktischen Nutzen erkennen lassen. Erst viel später mit der Weiterführung der Arbeiten durch andere Wissenschaftler wurde sie als eine bahnbrechende Entdeckung erkannt. Heute gibt es eine ganze Industrie mit internen Forschungskapazitäten, die sich mit der Produktion und der Weiterentwicklung der chemischen Stromerzeuger befaßt. Viele Erfindungen und Patente beinhalten eine große Zahl immer neuer Verfahren und verbesserter Eigenschaften galvanischer Elemente. Aus dem täglichen Leben sind sie nicht mehr wegzudenken.

Die Geschichte der Halbleitertechnik zum Beispiel reicht viel weiter zurück, als meistens angenommen. Im Jahre 1823 entdeckte der schwedische Chemiker Jöns Jacob Berzelius (1779-1848) das Silizium. Durch Auswaschen fremder Beimengungen erkannte er als erster, daß es ein chemisches Element ist. Vor ihm wurde es fälschlicherweise als chemische Verbindung angesehen. Erst wesentlich später wurde es als Halbmetall erkannt, daß es also Eigenschaften sowohl von Metallen, als auch von Nichtmetallen hat. Noch viele Jahre danach hatte Silizium keine Bedeutung für die Entwicklung elektrischer und elektronische Bauelemente. 1874 entdeckte Karl Ferdinand Braun (1850-1918) den Gleichrichtereffekt. Er experimentierte jedoch nicht mit Germanium, sondern mit Kupferoxidul. Seine Kupferoxidul-Gleichrichter wurden ab 1925 industriell eingesetzt. Obwohl aber auch mit Germanium geforscht wurde, gab es noch lange keine brauchbaren Ergebnisse mit diesem Halbleitermaterial. Die Entwicklung der Elektronik basierte in der Folgezeit auf der Elektronenröhre. Erst im Jahre 1947, also mehr als 120 Jahre später, erfanden drei Amerikaner, John Bardeen (1908-1991), Walter Houser Brattain (1902-1987) und William Shockley (1910-1989) den Transistor, erstmals ein Bauelement auf Germaniumbasis, mit dem einfache Stromsteuerungsprozesse mit Hilfe elektrischer Signale ausgeführt werden konnten. Daß dieses Bauelement jedoch einmal der Röhre Konkurrenz machen könnte, war zu dieser Zeit noch nicht zu erkennen. Erst nach weiteren 10 Jahren, nachdem die Eigenschaften des Transistors wesentlich verbessert worden waren und mehrere neue Typen entwickelt wurden, setzte dann langsam ein Verdrängungsprozeß der Röhre ein. Die Vorteile des Germaniumbauelementes gegenüber der Elektronenröhre, das mit viel kleineren Spannungen auskam und keiner Katodenheizung bedurfte, begannen, sich durchzusetzen. In den Folgejahren setze eine stürmische Entwicklung ein, die zu immer neuen und besseren Bauelementen führte. Die Möglichkeit dieser Technologie, immer kleinere Bauteile herzustellen, führte schließlich zur Produktion des ersten integrierten Schaltkreises durch die amerikanische Firma Texas Instruments Ende der 1950er Jahre. Danach folgte eine rasante Entwicklung dieser Technologie, die bis heute nicht abgeschlossen ist und immer weiter verbesserte Schaltkreise für viele Zwecke hervorbrachte. An der Spitze dieser Entwicklung steht der Mikroprozessor, das Kernelement eines jeden Computers. So kann man zusammenfassend festhalten, daß durch die unermüdliche Vorarbeit der Pioniere dieser Technologie, die damals nicht im geringsten erahnen konnten, was daraus einmal entstehen könnte, in knapp zwei Jahrhunderten eine Technik entwickelt worden ist, die heute in Form von Computern, vielseitig verwendbaren Steuerungs- und Regelungsapparaturen, Automatisierungseinrichtungen und vielen anderen technischen Errungenschaften in alle Lebensbereiche eingegangen ist und ohne die nichts mehr funktioniert. In neuerer Zeit beobachtet man eine grandiose Entwicklung eines auch zu den Halbleitern gehörenden Bauelementes – der LED (light emitter diod – Lichtemitterdiode). Ihre Helligkeit konnte in so drastischer Weise gesteigert werden, daß sie nun schon als Lampe und als Autoscheinwerfer verwendet werden kann. Noch vor wenigen Jahren konnte man sie nur als Signallämpchen verwenden. Ihr Vorteil besteht in dem sehr hohen Wirkungsgrad – sie erzeugt kaum Wärme. Und die Entwicklung scheint noch lange nicht beendet zu sein.

Eine andere Wissenschaft, bei der nicht sofort der Nutzen erkannt wird, ist die Geologie. Stets wird gefragt, welche Bedeutung habe das Wissen darüber, wie die Erde vor 100 Millionen Jahren ausgesehen hat? Aber denken wir hier einmal an Folgewissenschaften oder Teilgebiete der Geologie, zum Beispiel an die Seismologie und die Vulkanologie. Ihre Voraussetzungen erhalten die beiden Zweige aus der Grundlagenforschung der Geologie, die sich unter anderem auch mit der globalen Strukturierung der Erdkruste befaßt. Und mit dem Herausfinden der Oberflächengestaltung der Erde vor Tausenden und Millionen Jahren erhalten wir praktische Hinweise auf die kontinentalen Untergliederungen der Erdkruste, dadurch wiederum erhalten Seismologie und Vulkanologie wichtige Grundlagenerkenntnisse für die weitere Forschung. Nun betreiben Seismologie und Vulkanologie selbst Grundlagenforschungen, in die erhebliche Mittel investiert werden. Die enormen Schwierigkeiten in diesen beiden Wissenschaften bestehen darin, Prozesse zu erforschen, die einer großen Zahl an Zufällen unterliegen, in denen es sehr schwierig ist, Regeln und Gesetzmäßigkeiten zu finden, nach denen diese Naturprozesse und -erscheinungen ablaufen. So sind bis heute die Ergebnisse für eine zuverlässige Vorhersage von Erdbeben und Vulkanausbrüchen eher gering. Dennoch wird die Menschheit ganz sicher nicht auf weitere intensive Bemühungen und den Einsatz erheblicher materieller Mittel verzichten, um diese Aufgabe immer besser lösen zu können. Es geht schließlich bei diesen Wissenschaften ganz elementar um den regionalen Schutz der Menschen in erdbeben- und vulkanintensiven Regionen. Die Anfänge der Seismologie gehen auf den deutschen Wissenschaftler Johann Emil Wiechert (1861-1928) zurück. Er ist der Begründer der Göttinger Erdbebenwarte, er erfand im Jahre 1899 den ersten Horizontalseismographen. Damit konnten zwar keine langfristigen Erdbebenvorhersagen gelingen, jedoch wurden durch die Ortung von Bodenwellen die Abläufe von Erdbeben und auch deren regionale Stärken erkennbar. Durch die intensiven Forschungen sind in der heutigen Zeit einige moderne Verfahren in der Seismologie hinzugekommen, die auf modernen theoretischen Grundlagen fußen und völlig neue Möglichkeiten eröffnen. Das sind unter anderem die seismische Tomographie zur Bestimmung von Geschwindigkeitsanomalien der seismischen Wellenausbreitung, die Receiver-Functions-Analyse, mit der aus Antwortwellen auf Strukturen in tiefergelegenen Erdschichten geschlossen werden kann, sowie die Untersuchung von Vorläuferphasen oder Wellenfelduntersuchungen, mit denen seismische Diskontinuitäten im Erdinneren erforscht werden. Dies alles sind Methoden, die bereits in der Gegenwart zu besseren Vorhersagewerten und zur genaueren Lokalisierung möglicher Beben geführt haben. Eine ganz andere Richtung der seismologischen Wissenschaft ist die Erforschung der Art und Weise der auftretenden Erscheinungen und ihrer internen Bewegungsabläufe. Mit diesen Forschungsergebnissen konnten einer ganz anderen Wissenschaft, der Architektur, zuverlässige Mittel in die Hand gegeben werden, um zum Beispiel erdbebensichere Bauwerke und Gebäude entwickeln und realisieren zu können. Von enormer Bedeutung ist auch die Erforschung der Tsunamis, die eine Folgeerscheinung der Erdbebentätigkeit auf dem Meeresboden sind. Eine andere Wissenschaft zur Erforschung der Geoaktivitäten der Erde ist die Vulkanologie, die vordergründig ebenfalls den Schutz der Menschen zum Ziel hat. Sie arbeitet in zwei Richtungen, der physikalischen Vulkanologie, die sich mit den grundlegenden physikalischen Prozessen des Vulkanismus beschäftigt, und der experimentellen Vulkanologie, die in den 1970er Jahren begründet wurde und sich vorrangig mit der Erforschung von Gefährdungspotentialen befaßt. In der neueren Zeit arbeitet man verstärkt an der Aufklärung von Zusammenhängen zwischen beiden Wissenschaften. Es gilt als erwiesen, daß Erdbebentätigkeit auch Einfluß auf die Entstehung vulkanischer Aktivitäten hat.

Eine Vielzahl von Grundlagenforschungsrichtungen befaßt sich mit Vorgängen und Eigenschaften, die in der Natur vorhanden sind, mit deren Kenntnis und ihrer Verwendung man viele Dinge des täglichen Lebens besser gestalten, rationeller nutzen und auch völlig neu darstellen kann. So hat zum Beispiel Erforschung der Funktion der Klette zu einer ganz praktischen Nutzanwendung geführt – dem Klettverschluß. Aus der Kenntnis der wasser- und schmutzabweisenden Eigenschaften der Blattoberflächen verschiedener Pflanzen sind bereits praktische verwendbare Gewebe und Materialien für viele Zwecke in der Industrie und im Haushalt hervorgegangen. Die Erforschung der enormen Festigkeit eines Spinnenfadens gibt der Wissenschaft Impulse für die Entwicklung hochreißfester Garne und Stoffe. Nicht immer ist dabei von vornherein bekannt, welche Ergebnisse und Anwendungen die Grundlagenforschung auf solchen Gebieten nach sich ziehen wird. Solche Forschungen werden häufig zu Beginn mit dem reinen Ziel des Wissenszuwachses geführt.

Die immer wieder gestellte Frage nach dem praktischen Nutzen einer Grundlagenforschung hört man auch zu solchen Wissenschaften wie der Archäologie, also der Altertumsforschung. Was bringt es zu wissen, wie die Menschen vor Tausenden, vor Zehntausenden oder Millionen Jahren gelebt haben? Die Beantwortung solcher Fragen gestaltet sich äußert schwierig, weil ja aus diesen Zeiten keine Schriftdokumente vorhanden sind, in denen man nachschlagen könnte. So ist man darauf angewiesen, die materiellen Hinterlassenschaften aus dieser Zeit zu finden und zu analysieren. Naheliegend ist zunächst, daß wir als Menschen natürlich interessiert daran sind zu wissen, wo wir herkommen, wie wir entstanden sind. Zum Beispiel kann man aus dem Wissen, wie der Glaube der Menschen an Götter und Geister entstanden ist, Schlüsse für die moderne Zeit ableiten. Man kann Erklärungen dafür finden, warum der Glaube in der Menschheit so tief verwurzelt ist. Das ist sehr wichtig für das friedliche Zusammenleben der verschiedenen in der Geschichte entstandenen Glaubensrichtungen und der ihnen angehörenden Menschengruppen, für das Verhindern von Kriegen, die ausschließlich um die Vorherrschaft einzelner Glaubensdogmen geführt wurden und auch heute noch geführt werden. Das ist noch heute so aktuell wie im Altertum. Es ist auch nicht ohne Bedeutung für die Moderne, wenn wir herausfinden können, mit welchen Mitteln so gewaltige Leistungen wie der Bau der ägyptischen Cheopspyramiden vollbracht worden ist, wie das alles ohne Kräne, Bagger und Schwerlasttransporte bewältigt werden konnte. Es bringt für uns Rückschlüsse auf die Intelligenz unserer fernen Vorfahren und auf den Stand der damaligen Wissenschaften. So verschmelzen Wissenschaftszweige miteinander und es entstehen übergreifende Disziplinen.

Dasselbe gilt auch für die Kosmologie. Sicher ist es für den heutigen Entwicklungsstand der Menschheit nicht in vollem Umfang überschaubar, welchen Nutzen die Kenntnis der Materiebewegung im Universum in späterer Zeit einmal haben wird. Dennoch ist es wichtig, solche Forschungen zu betreiben, um wissen zu können, in welcher Weise der Kosmos der auf unserem Planeten entstandenen Intelligenz nützen oder schaden könnte und was wir eventuell dafür oder dagegen unternehmen könnten. Dazu reicht unser heutiges Wissen ganz sicher noch für eine längere Zeit nicht aus. Sollte uns das aber daran hindern, uns schon heute mit der Aufklärung grundsätzlicher Fragen zu befassen? Hier ist die Kosmologie in der gleichen Lage, in der andere Grundsatzdisziplinen schon waren: Die heutigen Forschungen schaffen Voraussetzungen für spätere Erkenntnisse, von denen wir heute weder die Tragweite erkennen noch die zukünftigen Auswirkungen und Möglichkeiten überblicken können. Damit ist natürlich in jedem Falle eine möglichst objektive, zwangfreie Wissenschaftsarbeit gemeint, die unbedingt frei sein muß von Dogmen, Doktrinen und Restriktionen durch Kräfte, die bestrebt sind, die Forschungen in bestimmte Richtungen einzuzwängen, die sie behindern wollen, wenn andere als die erstrebten oder gewünschten „Wahrheiten“ gefunden werden. Wissenschaft muß das unabhängige Denken garantieren, sie darf nicht im Dienste definierter Interessengruppen oder Minderheiten stehen, und sie muß unabhängig von Machtverhältnissen sein.

15. Ist das Universum unverständlich?

Mach' dir keine Sorgen
wegen deiner Schwierigkeiten mit der Mathematik.
Ich kann dir versichern, daß meine noch größer sind.
Albert Einstein

Dieser Abschnitt verfolgt das Ziel, den Mythos der Undurchdringlichkeit, auch der Unverständlichkeit, der den Wissenschaftsbereichen Astronomie, Astrophysik und Kosmologie oft anhaftet, teilweise zu durchbrechen. Die Frage ist, kann ein Mensch mit einer weltoffenen Einstellung, der eine allgemeinbildende Schule, kein Gymnasium und keine Hochschule besucht hat, dann einen Beruf erlernt hat, mit dem er durch Fleiß und tägliche Arbeit seinen Lebensunterhalt bestreitet, ich nenne ihn in diesem Abschnitt vereinfacht den *normalen Menschen*, grundsätzliche Probleme der kosmischen Wissenschaften verstehen und sich einen Überblick und eine Vorstellung verschaffen? Kann er bestimmte Einzelheiten mit elementarer Schulmathematik nachprüfen oder ist er auf Gedeih und Verderb den großen Fachleuten ausgeliefert? Muß er alles hinnehmen, was an mysteriösen Unbegreiflichkeiten geäußert wird oder kann er auch eigene Auffassungen bilden, die Anerkennung finden? Begibt er sich auf wissenschaftsfeindliche Abwege, wenn er sich das Recht nimmt, die intellektuellen Ausschweifungen zum Beispiel des Frank J. Tipler (Abschnitt 13) als realitätsfremde Spinnereien zu beurteilen?

Er wird freilich nicht die Bewegungen der Himmelkörper berechnen, Kometenbahnen bestimmen oder die Energiebilanz von Galaxien ermitteln können, aber er wird wissen können, wie unser Sonnensystem zusammengesetzt ist, warum die Planeten die Sonne umkreisen, wie der Mond sich um die Erde bewegt, wie man sich Galaxien vorstellen kann, und er wird auch einfache Rechnungen anstellen können, um seinen Vorstellungen einen quantitativen Inhalt zu geben. Manchmal bilden solche erfolgreich ausgeführten Tätigkeiten auch ein Schlüsselerlebnis, das zum Auslöser weiterer lernintensiver Beschäftigung wird und das Interesse an den Problemen steigert. Ich will das an zwei Beispielen zeigen.

Ein erstes Beispiel.

Kann man mit einfachen Mitteln zeigen, warum der Erdumlauf um die Sonne ein Jahr dauert? Kann der normale Mensch nachprüfen, warum die Erde auf ihrer Bahn um die Sonne bleibt und nicht woanders hinfliegt? Jeder Mensch kann das, und es sind für dieses Beispiel nur zwei Grundlagendetails notwendig, um es nachprüfen zu können: Wir benötigen die Kenntnis der allgemeinen Anziehung der Massen, also der Gravitation, und die Kenntnis über die Entstehung der Fliehkraft in rotierenden Systemen, also der Zentrifugalkraft. Für diese beiden Grundlagen benötigen wir ein Bildungsgesetz, das ist ein mathematischer Term, mit dem man unter Vorgabe einiger Anfangswerte, die man verschiedenen Tabellen entnimmt, Berechnungen ausführen kann, und ein Kriterium, wie man mit den Rechenwerten umgehen muß, um das gewünschte Ergebnis zu erzielen.

Die Gravitationskraft G ist abhängig von der Größe der Massen, die sich gegenseitig anziehen und vom Abstand dieser Massen. Die Masse der Sonne sei M_s, die Masse der Erde sei M_e. Die Entfernung der Erde von der Sonne ist ein astronomisches Normmaß, es heißt Astronomische Einheit, bezeichnet mit AE, sein Wert ist 149,6 Millionen km. Die Gravitationskraft ist proportional dem Produkt der beiden Massen und umgekehrt proportional dem Quadrat des Abstandes:

$$G \sim \frac{Ms \cdot Me}{AE^2}$$

Zur Herstellung einer Gleichungsbeziehung wird die Gravitationskonstante γ benötigt, die erstmals schon im Jahre 1798 durch Henry Cavendish (1731-1810) in einem Experiment bestimmt wurde. Sie ist eine allgemeine Naturkonstante mit dem Wert

$$\gamma = 6{,}67 \cdot 10^{-11}\ N \cdot m^2 \cdot kg^{-2}$$

Damit ist

$$G = \gamma \cdot \frac{Ms \cdot Me}{AE^2}.$$

Die Zentrifugalkraft P ist abhängig von der Winkelgeschwindigkeit ω des Umlaufs der Sonne und der Erde um den gemeinsamen

Rotationsmittelpunkt, das ist der gedachte Schwerpunkt zwischen den Massen, sowie von den Abständen der Massen zum Schwerpunkt, und von den Massen selbst.

Im System Sonne/Erde ist mit hinreichender Genauigkeit eine Vereinfachung möglich, weil die Sonne sehr viel größer ist als die Erde. Es ist nämlich $M_s = 1{,}99 \cdot 10^{30}$ kg und $M_e = 5{,}98 \cdot 10^{24}$ kg. Das entspricht einem Massenverhältnis von 332.946:1. Der gemeinsame Rotationsmittelpunkt, das heißt, der Schwerpunkt des Systems Sonne/Erde läßt sich aus dem Hebelgesetz ermitteln:

$$Ms \cdot rs = Me \cdot re\,,$$

darin sind entsprechend rs und re die Abstände der Sonne und der Erde vom Schwerpunkt. Somit ist rs + re = AE und man erhält

$$Ms \cdot rs = Me \cdot (AE - rs) \quad \Rightarrow \quad rs \cdot (Ms + Me) = AE \cdot Me$$

und somit

$$rs = \frac{Me \cdot AE}{Ms + Me} = \frac{5{,}98 \cdot 10^{24} \cdot 150 \cdot 10^{6}}{1{,}99 \cdot 10^{30} + 5{,}98 \cdot 10^{24}} = 450\,km\,.$$

Der Durchmesser der Sonne ist 1.392.520 km. Das bedeutet, der Schwerpunkt liegt fast im Mittelpunkt der Sonne, die Abweichung, gemessen an ihrem Durchmesser, beträgt 0,06%. Es kreist also die Erde im Abstand 1 AE um die Sonne, die Abweichung des Schwerpunktes vom Mittelpunkt der Sonne ist vernachlässigbar klein. Dadurch erhalten wir die Zentrifugalkraft P zu

$$P = \omega^2 \cdot Me \cdot AE \quad oder\ wegen \quad v = \omega \cdot AE$$

$$P = Me \cdot \frac{v^2}{AE}$$

Hierin ist v die Bahngeschwindigkeit der Erde.

Wenn die Gravitationskraft G gleich der Zentrifugalkraft P ist, wird also die Erde auf einer Bahn mit konstantem Radius um die Sonne laufen. So finden wir

$$Me \cdot \frac{v^2}{AE} = \gamma \cdot \frac{Me \cdot Ms}{AE^2}.$$

Durch Umstellen, Kürzen und Einsetzen der Zahlen entsteht

$$v = \sqrt{\frac{Ms \cdot \gamma}{AE}} = \sqrt{\frac{1{,}99 \cdot 10^{30} \cdot 6{,}67 \cdot 10^{-11}}{149{,}6 \cdot 10^{6}}} = 29{,}77\, km/s.$$

Das ist die Bahngeschwindigkeit der Erde um die Sonne. Bei einer geringeren Geschwindigkeit würde die Erde in die Sonne fallen, bei einer höheren Geschwindigkeit würde zunächst die Bahn immer stärker elliptisch werden bis sie eine Geschwindigkeit erreicht, bei der sich die Ellipse öffnet, das heißt zur Parabel wird. Dann würde die Erde das Sonnensystem verlassen. Diese Geschwindigkeit heißt *Dritte kosmische Geschwindigkeit*, sie beträgt 42,1 km/s.

Um nun für unser Beispiel die Umlaufzeit zu erhalten, muß noch die Bahnlänge ermittelt werden. Sie ist gleich dem Umfang der Erdbahn, also

$$U = 2\pi \cdot AE = 939{,}97 \cdot 10^{6}\, km$$

Die Umlaufzeit t ist demnach

$$t = \frac{U}{v} = \frac{939{,}97 \cdot 10^{6}}{29{,}77} = 31{,}5742 \cdot 10^{6}\, s = 365{,}25\, Tage.$$

Das ist 1 mittleres Jahr, in dem berücksichtigt ist, daß jedes vierte Jahr um einen Schalttag länger ist. So haben wir mit elementaren Mitteln überprüfen können, das ein Erdumlauf um die Sonne 1 Jahr dauert. Bekannt sein mußten uns dafür lediglich die Sonnen- und die Erdmasse und ihr Abstand.

Ein zweites Beispiel.

Der Jupiter ist der größte Planet unseres Sonnensystems, in der Planetenreihe ist er der 5. Planet. Er hat einen Durchmesser von 142.800 km und umkreist die Sonne in einem Abstand von 778,3 Millionen km. Mit seiner Dichte von 1,33 t/m^3 (Erde 5,52 t/m^3) hat er eine Masse von 318 Erdmassen, das sind $1{,}90 \cdot 10^{27}$ kg. Er kreist in 11,86 Erdjahren um die Sonne, seine Eigenrotation beträgt 0,408 Erdtage, das heißt, er rotiert deutlich schneller als die Erde. Er gehört zu den großen Gasplaneten, hat also keine feste Oberfläche. Angenommen, es gäbe einen Planeten dieser Größe mit einer festen Oberfläche, so wäre die Frage von Interesse, ob ein Mensch dort landen und überleben könnte. Weniger interessant ist dabei die Temperatur, wegen der Sonnenferne ist es auf dem Jupiter sehr kalt, aber das ließe sich mit technischen Mitteln lösen. Lösbar ist auch das Problem einer eventuell unverträglichen Atmosphäre, da ja der Mensch seinen eigenen Lebensraum im Landegerät mitführt. Von erheblicher Bedeutung ist aber die Gravitation an der Oberfläche, der man mit technischen Mitteln nicht begegnen kann. Ist sie sehr viel größer als auf der Erde? Könnten wir sie mit unserer körperlichen Beschaffenheit bewältigen? Wir wollen dies mit einfachen Mitteln rechnerisch nachprüfen.

Für die Beschreibung der Gravitation an der Oberfläche eines Planeten verwendet man die Gravitationskraft, mit der eine Masse m durch den Planeten angezogen wird. Sie hat nach dem Gravitationsgesetz die Größe

$$G_p = \gamma \cdot \frac{M_p \cdot m}{r_p^{\;2}}.$$

Dabei ist γ die Gravitationskonstante,
M_p die Masse des Planeten,
r_p der Radius des Planeten.

Anstelle der Kraft verwendet man als Charakteristikum die an der Oberfläche wirkende Schwerebeschleunigung aus dem Kraftgesetz

$$G_p = m \cdot b_p .$$

Daraus ergibt sich

$$b_p = \frac{\gamma \cdot M_p}{r_p^{\ 2}}.$$

Für die Erde wissen wir, daß die Erdbeschleunigung b = 9,81 m/s^2 ist. Man kann dies nachprüfen, indem man die Erdmasse und den Erdradius in die Formel einsetzt. Auf eine Masse m wirkt an der Erdoberfläche die Anziehungskraft

$$G = m\,[kg] \cdot 9{,}81\,[m/s^2] = m \cdot 9{,}81\,[N] = m\,[kp].$$

Auf dem Jupiter ist die Schwerebeschleunigung hingegen

$$b_p = \frac{\gamma \cdot M_p}{r_p^{\ 2}} = \frac{6{,}67 \cdot 10^{-11} \cdot 1{,}9 \cdot 10^{27}}{\left(71{,}4 \cdot 10^6\right)^2} = 1775\, m \cdot s^{-2}.$$

Das entspricht etwa dem 180fachen der Erdbeschleunigung. Ein durchschnittlicher Mensch mit einer Körpermasse von 70 kg müßte dort einer Anziehungskraft von 12.600 kp widerstehen. Das ist mit seiner körperlichen Beschaffenheit nicht möglich. Er würde so viel wiegen, wie auf der Erde 4 bis 5 Elefanten.

Dies bedeutet allgemein, daß die Auswahl der Gestirne, auf denen der Mensch erfolgreich landen kann, sehr begrenzt ist. Die Erde ist im kosmischen Vergleich winzig klein. Die meisten Gestirne sind viel größer und machen deshalb eine Landung unmöglich.

So ist in diesem Abschnitt verdeutlicht worden, daß der *normale Mensch*, wie ich ihn zu Beginn genannt habe, der sich über das Universum und die nähere uns umgebende kosmische Welt ein Bild verschaffen will, durchaus mit einfachen Mitteln in der Lage ist, bestimmte Vorgänge und Zusammenhänge zu quantifizieren. Man kann vieles nachlesen, eine Vielzahl astronomischer Angaben ist in der Literatur dokumentiert. Aber man kann vieles davon auch mit elementaren Mitteln nachprüfen.

Anhang 1

Nach Aussagen von Eric J. Lerner, dem Mathematiker Michael Ibison von Earthtech.org und Dutzenden anderer Wissenschaftler auf der ganzen Welt beruht die Dominanz der Urknalltheorie eher auf Konventionen als auf einer wissenschaftlichen Methode. Sie haben deshalb den folgenden offenen Brief an die Wissenschaftlerkreise verfaßt, welcher im *New Scientist (22.-28. Mai, 2004, Seite 20)* veröffentlicht wurde.

Offener Brief von 33 Wissenschaftlern zur Urknalltheorie

Die Urknalltheorie basiert auf einer großen Anzahl hypothetischer Wesenheiten, auf Dingen, die wir niemals beobachtet haben - Aufblähung, geheimnisvolle Materie und dunkle Energie sind die auffallendsten Beispiele. Ohne diese gäbe es einen fatalen Widerspruch zwischen den Beobachtungen durch die Astronomen und den Vorhersagen der Urknalltheorie.

In keinem anderen Bereich der Physik würde diese stetige Zuflucht in neue hypothetische Objekte als ein Weg akzeptiert werden, um die Lücken zwischen Theorie und Beobachtung zu schließen. Irgendwann müßten ERNSTHAFTE FRAGEN ÜBER DIE RICHTIGKEIT DER ZUGRUNDELIEGENDEN URKNALLTHEORIE AUFGEWORFEN WERDEN!

Doch die Urknalltheorie kann ohne diese zurechtgepfuschten Faktoren gar nicht überleben. Ohne das hypothetische Inflationsfeld kann mit dem Urknall die fließende isotropische kosmische Hintergrundstrahlung, die man beobachten kann, nicht erklärt werden, weil es keine Möglichkeit gibt für Teile des Universums, die sich nun weit mehr als nur wenige Grade vom Himmel weg befinden, die gleiche Temperatur anzunehmen und somit dieselbe Menge an Mikrowellenstrahlung auszuströmen.

Ohne eine Art von geheimnisvoller Materie, ungleich zu jener, die wir trotz 20 Jahre voller Experimente beobachtet haben, stellt die Urknalltheorie widersprüchliche Vorhersagen für die Dichte der Materie im Universum auf. Eine Inflation erfordert normalerweise eine 20 Mal höhere Dichte als die, die in der Urknall-Atom-Zusammensetzung, der Erklärung über den Ursprung der Lichtelemente, angedeutet wurde. Die Theorie sagt aus, daß das Universum ohne dunkle Energie nur ungefähr 8 Milliarden Jahre alt sei, was Milliarden von Jahren jünger wäre, als das Alter vieler Sterne in unserer Galaxie.

Ferner hat die Urknalltheorie keine quantitativen Vorhersagen aufzuweisen, die hinterher durch Beobachtung bestätigt werden konnten. Die Glanzleistungen, auf die die Anhänger der Theorie sich beriefen, bestehen aus der Fähigkeit, Beobachtungen rückwirkend mit einer stets ansteigenden Ordnung verstellbarer Parameter tauglich zu machen, gerade als bräuchte die alte Kosmologie mit der Erde im Mittelpunkt Ebene für Ebene neue Epizyklen.

Doch der Urknall ist nicht das einzige verfügbare Gerüst, um das Universum zu verstehen. Sowohl durch die Plasmakosmologie als auch dem Modell des festen Zustandes entstand die Vermutung von einem sich entwickelnden Universum ohne Anfang und Ende. Diese und andere alternative Versuche können das grundlegende Phänomen des Kosmos, darunter die Fülle der Lichtelemente, die Generation von Strukturen großen Ausmaßes, die kosmische Hintergrundstrahlung und wie die Rotverschiebung von weit entfernten Galaxien an Abstand zunimmt, ebenfalls erklären. Diese haben sogar neue Erscheinungen vorhergesagt, die später beobachtet wurden. Dies war bei der Urknalltheorie kein einziges Mal der Fall.

Anhänger der Urknalltheorie mögen erwidert haben, daß auch diese Theorien nicht jede kosmische Beobachtung erklären können. Das kommt kaum überraschend, da ihre Entwicklung durch den vollständigen Mangel an Forschungsgeldern ernsthaft gehemmt wurde. In der Tat können solche Fragen und Alternativen noch nicht einmal jetzt frei diskutiert und überprüft werden. In den meisten Konferenzen der "Mainstream-Forscher" fehlt ein offener Austausch von Ideen.

Während Richard Feymann sagen konnte, daß "Wissenschaft die Kultur des Zweifels sei", werden bei der Kosmologie heutzutage keine Zweifel und abweichende Meinungen toleriert. Junge Wissenschaftler lernen, sich still zu verhalten, wenn sie etwas Negatives über das Standard-Urknallmodell zu sagen haben. Diejenigen, die die Urknalltheorie anzweifeln, fürchten, daß es ihre Zulassung kostet, wenn sie dies aussprechen.

Selbst Beobachtungen werden heute durch diesen voreingenommenen Filter interpretiert. Ob sie für richtig oder falsch angesehen werden, hängt davon ab, ob sie die Urknalltheorie unterstützen oder nicht. So werden abweichende Daten von der Rotverschiebung, der Fülle von Lithium und Helium, und die Verteilung der Galaxien zwischen anderen Themen ignoriert oder als lächerlich abgestempelt. Dies spiegelt eine wachsende dogmatische Einstellung wider, die für den Geist freier wissenschaftlicher Untersuchungen einen Fremdkörper darstellt.

Heute werden eigentlich alle finanziellen und Versuchsmittel an die Urknallstudien hingegeben. Die Geldmittel stammen aus nur wenigen Quellen und die Untersuchungssausschüsse, die sie kontrollieren, werden von Anhängern der Urknalltheorie beherrscht. Dies hat zur Folge, daß sich die Herrschaft der Urknalltheorie auf diesem Gebiet ohne Rücksicht auf die wissenschaftliche Gültigkeit der Theorie selbst aufrechterhält.

Da nur Projekte innerhalb des Urknallsystems Unterstützung erhalten, wird ein grundlegendes Element der wissenschaftlichen Methoden untergraben - die stetige Überprüfung der Theorie anhand von Beobachtungen. Eine solche Einschränkung macht vorurteilsfreie Diskussionen und Forschungen unmöglich. Um dem abzuhelfen, treiben wir diese Dienststellen, die die Arbeit in der Kosmologie mit Geldern unterstützen, an, einen bedeutenden Bruchteil ihrer Geldmittel für Nachforschungen in alternative Theorien und zu beobachtende Widersprüche zur Urknalltheorie bereit zu halten. Um Vorurteile zu vermeiden, könnte man den Prüfungsausschuß, der solche Gelder zuteilt, aus Astronomen und Physikern außerhalb des Kosmologiebereiches zusammenstellen.

Geldmittel auch für Untersuchungen zur Richtigkeit der Urknalltheorie und seine Alternativen würden den wissenschaftlichen Prozeß möglich machen, der ein richtiges Modell der Geschichte des Universums ermöglicht.

Unterzeichnet u. a. von:
Halton Arp, Max-Planck-Institut Für Astrophysik (Deutschland)
Eric J. Lerner, Lawrenceville Plasma Physics (USA)
Michael Ibison, Institute for Advanced Studies at Austin (USA) /

Earthtech.org
http://www.earthtech.org/
http://xxx.lanl.gov/abs/astro-ph/0302273
http://supernova.lbl.gov/~evlinder/linderteachin1.pdf
John L. West, Jet Propulsion Laboratory, California Institute of Technology (USA)
James F. Woodward, California State University, Fullerton (USA)
Andre Koch Torres Assis, State University of Campinas (Brazil)
Yuri Baryshev, Astronomical Institute, St. Petersburg State University (Russland)
Ari Brynjolfsson, Applied Radiation Industries (USA)
Hermann Bondi, Churchill College, University of Cambridge (UK)
Timothy Eastman, Plasmas International (USA)
Chuck Gallo, Superconix, Inc.(USA)
Thomas Gold, Cornell University (emeritus) (USA)
Amitabha Ghosh, Indian Institute of Technology, Kanpur (India)
Walter J. Heikkila, University of Texas at Dallas (USA)
Thomas Jarboe, University of Washington (USA)
Jerry W. Jensen, ATK Propulsion (USA)
Menas Kafatos, George Mason University (USA)
Paul Marmet, Herzberg Institute of Astrophysics (pensioniert) (Canada)
Paola Marziani, Istituto Nazionale di Astrofisica, Osservatorio Astronomico di Padova (Italien)
Gregory Meholic, The Aerospace Corporation (USA)
Jacques Moret-Bailly, Université Dijon (retired) (Frankreich)
Jayant Narlikar, IUCAA(emeritus) and College de France (Indien, Frankreich)
Marcos Cesar Danhoni Neves, State University of Maringá (Brazil)
Charles D. Orth, Lawrence Livermore National Laboratory (USA)
R. David Pace, Lyon College (USA)
Georges Paturel, Observatoire de Lyon (Frankreich)
Jean-Claude Pecker, College de France (Frankreich)
Anthony L. Peratt, Los Alamos National Laboratory (USA)
Bill Peter, BAE Systems Advanced Technologies (USA)
David Roscoe, Sheffield University (UK)
Malabika Roy, George Mason University (USA)
Sisir Roy, George Mason University (USA)
Konrad Rudnicki, Jagiellonian University (Polen)
Domingos S.L. Soares, Federal University of Minas Gerais (Brasilien)

Anhang 2

Die Relativitätstheorie

aus Wikipedia, der freien Enzyklopädie (23)

Die Relativitätstheorie befaßt sich mit der Struktur von Raum und Zeit sowie mit dem Wesen der Gravitation. Sie besteht aus zwei maßgeblich von Albert Einstein geschaffenen physikalischen Theorien, der 1905 veröffentlichten speziellen Relativitätstheorie und der 1916 abgeschlossenen allgemeinen Relativitätstheorie. Die spezielle Relativitätstheorie beschreibt das Verhalten von Raum und Zeit aus der Sicht von Beobachtern, die sich relativ zueinander bewegen, und die damit verbundenen Phänomene. Darauf aufbauend führt die allgemeine Relativitätstheorie die Gravitation auf eine Krümmung von Raum und Zeit zurück, die unter anderem durch die beteiligten Massen verursacht wird.

Grundsätzliche Bedeutung

Die Relativitätstheorie hat das Verständnis von Raum und Zeit revolutioniert und Naturzusammenhänge aufgedeckt, die sich der anschaulichen Vorstellung entziehen. Die betreffenden Vorgänge und Eigenschaften lassen sich jedoch mathematisch präzise beschreiben und sind experimentell bestens bestätigt.

Die Relativitätstheorie stellt eine der beiden Säulen des Theoriengebäudes der Physik dar. Die Vereinigung mit der Quantentheorie, die die zweite Säule repräsentiert, ist bisher nicht vollständig gelungen und zählt zu den größten Herausforderungen der physikalischen Grundlagenforschung. Beide Theorien enthalten ihren Vorgänger, die newtonsche Physik, als Grenzfall und erfüllen damit das sogenannte Korrespondenzprinzip.

Das heutige Standardmodell der Physik beruht auf der Vereinigung der speziellen Relativitätstheorie mit der Quantentheorie in den relativistischen Quantenfeldtheorien. Eine Quantentheorie, die auch die allgemeine Relativitätstheorie berücksichtigt, bezeichnet man als Quantengravitation.

Die spezielle Relativitätstheorie

Das Relativitätsprinzip

Die beiden folgenden Feststellungen lassen sich als Axiome der Relativitätstheorie interpretieren, aus denen alles Weitere hergeleitet werden kann:

Bild 10: Beide Beobachter messen für die Geschwindigkeit des Lichtes denselben Zahlenwert, obwohl der Linke sich bewegt.

Messen verschiedene Beobachter die Geschwindigkeit eines Lichtstrahls relativ zu ihrem Standort, so kommen sie unabhängig von ihrem eigenen Bewegungszustand zum selben Ergebnis. Dies ist das sogenannte *Prinzip von der Konstanz der Lichtgeschwindigkeit*.

Die physikalischen Gesetze haben für alle Beobachter, die sich mit konstanter Geschwindigkeit bewegen, also keiner Beschleunigung unterliegen, dieselbe Gestalt. Diesen Umstand nennt man Relativitätsprinzip. Man spricht von Inertialsystemen, in denen sich diese Beobachter befinden.

Das Relativitätsprinzip an sich ist wenig spektakulär, denn es gilt auch für die newtonsche Mechanik. Aus ihm folgt unmittelbar, daß es keine Möglichkeit gibt, eine absolute Geschwindigkeit eines Beobachters im Raum zu ermitteln und damit ein absolut ruhendes Bezugssystem zu definieren. Ein solches Ruhesystem müßte sich in irgendeiner Form von allen anderen unterscheiden im Widerspruch zum Relativitätsprinzip, wonach die Gesetze der Physik in allen Bezugssystemen dieselbe Gestalt haben. Nun beruhte vor der Entwicklung der Relativitätstheorie die Elektrodynamik auf der Annahme des Äthers als Träger elektromagnetischer Wellen. Würde ein solcher Äther als starres Gebilde den Raum füllen, dann würde er ein Bezugssystem definieren, in dem im Widerspruch zum Relativitätsprinzip die physikalischen Gesetze eine besonders einfache

Form hätten und welches überdies das einzige System wäre, in dem die Lichtgeschwindigkeit konstant ist. Jedoch scheiterten alle Versuche, die Existenz des Äthers nachzuweisen, wie beispielsweise das berühmte Michelson-Morley-Experiment von 1887.

Durch die Aufgabe der konventionellen Vorstellungen von Raum und Zeit und der Verwerfung der Ätherhypothese gelang es Einstein, den scheinbaren Widerspruch zwischen dem Relativitätsprinzip und der aus der Elektrodynamik folgenden Konstanz der Lichtgeschwindigkeit aufzulösen. Nicht zufällig waren es Experimente und Überlegungen zur Elektrodynamik, die zur Entdeckung der Relativitätstheorie führten. So lautete der unscheinbare Titel der einsteinschen Publikation von 1905, die die spezielle Relativitätstheorie begründete *Zur Elektrodynamik bewegter Körper*.

Relativität von Raum und Zeit

Raum- und Zeitangaben sind in der Relativitätstheorie keine universell gültigen Ordnungsstrukturen, sondern der räumliche und zeitliche Abstand zweier Ereignisse und damit auch ihre Gleichzeitigkeit werden von Beobachtern mit verschiedenen Bewegungszuständen unterschiedlich beurteilt. Bewegte Objekte erweisen sich im Vergleich zum Ruhezustand in Bewegungsrichtung als verkürzt und bewegte Uhren als verlangsamt. Da jedoch jeder gleichförmig bewegte Beobachter den Standpunkt vertreten kann, er sei in Ruhe, beruhen diese Beobachtungen auf Gegenseitigkeit, das heißt, zwei relativ bewegte Beobachter sehen die Uhren des jeweils anderen langsamer gehen und dessen Meterstäbe in Bewegungsrichtung verkürzt. Die Frage, wer die Situation korrekt beschreibt, ist hierbei prinzipiell nicht zu beantworten und daher sinnlos.

Diese Längenkontraktion und Zeitdilatation lassen sich vergleichsweise anschaulich anhand von Minkowski-Diagrammen und anhand des bekannten Zwillingsparadoxons nachvollziehen. In der mathematischen Formulierung ergeben sie sich aus der Lorentz-Transformation, die den Zusammenhang zwischen den Raum- und Zeitkoordinaten der verschiedenen Beobachter beschreibt. Diese Transformation läßt sich direkt aus den beiden obigen Axiomen und der Annahme, daß sie linear ist, herleiten. Alle diese Phänomene machen sich erst bei Geschwindigkeiten bemerkbar, die im Vergleich zur Lichtgeschwindigkeit ins Gewicht fallen, so daß sie im Alltag nicht auffallen.

Lichtgeschwindigkeit als Grenze

Kein Objekt und keine Information kann sich schneller bewegen als das Licht im Vakuum. Nähert sich die Geschwindigkeit eines materiellen Objektes der Lichtgeschwindigkeit, so strebt der Energieaufwand für eine weitere Beschleunigung über alle Grenzen, weil die kinetische Energie mit zunehmender Annäherung an die Lichtgeschwindigkeit mit wachsender Geschwindigkeit immer steiler ansteigt. Zum Erreichen der Lichtgeschwindigkeit müßte unendlich viel Energie aufgebracht werden.

Dieser Umstand ist eine Folge der Struktur von Raum und Zeit und keine Eigenschaft des Objekts, wie beispielsweise eines lediglich unvollkommenen Raumschiffes. Könnte sich ein Objekt mit Überlichtgeschwindigkeit von A nach B bewegen, so könnte man immer Beobachter finden, die eine Bewegung von B nach A wahrnehmen würden, wiederum ohne daß die Frage, wer die Situation korrekt beschreibt, einen Sinn gäbe. Das Kausalitätsprinzip wäre dann verletzt, da die Reihenfolge von Ursache und Wirkung nicht mehr definiert wäre. Ein solches Objekt würde sich übrigens für jeden Beobachter mit Überlichtgeschwindigkeit bewegen.

Vereinigung von Raum und Zeit zur Raumzeit

Raum und Zeit erscheinen in den Grundgleichungen der Relativitätstheorie formal weitgehend gleichwertig nebeneinander und lassen sich daher zu einer vierdimensionalen Raumzeit vereinigen. Der Umstand, daß Raum und Zeit überhaupt als unterschiedliche Phänomene in Erscheinung treten, läßt sich letztlich auf ein einziges Vorzeichen zurückführen, durch das sich die Art und Weise, wie ein Abstand im euklidischen Raum definiert wird, von der Bestimmung des Abstands in der vierdimensionalen Raumzeit unterscheidet. Aus gewöhnlichen Vektoren im dreidimensionalen Raum werden dabei sogenannte Vierervektoren.

In der Raumzeit gibt es, aufgrund der Relativität von Längen und Zeitspannen, nur drei klar unterscheidbare Bereiche für jeden Beobachter:

Im Zukunftslichtkegel liegen alle Punkte, die der Beobachter mit maximal Lichtgeschwindigkeit erreichen oder an die er ein Lichtsignal senden kann.

Der Vergangenheitslichtkegel umfaßt alle Punkte, von denen aus ein Signal mit maximal Lichtgeschwindigkeit den Beobachter erreichen kann.

Alle restlichen Punkte heißen „vom Beobachter raumartig getrennt". In diesem Bereich lassen sich Zukunft und Vergangenheit nicht definieren.

Äquivalenz von Masse und Energie

Einem System mit der Masse m läßt sich auch im unbewegten Zustand eine Energie E zuordnen, und zwar nach der Beziehung

$$E = m \cdot c^2$$

wobei c die Geschwindigkeit des Lichtes ist. Diese Formel ist eine der berühmtesten in der Physik. Oft wird irreführend behauptet, sie habe die Entwicklung der Atombombe ermöglicht. Die Wirkungsweise der Atombombe kann jedoch mit dieser Formel nicht erklärt werden. Allerdings konnte schon 1939 kurz nach der Entdeckung der Kernspaltung mit dieser Formel und den schon bekannten Massen der Atome durch Lise Meitner die enorme Freisetzung von Energie abgeschätzt werden. Diese Massenabnahme tritt auch schon bei chemischen Reaktionen auf, war jedoch dort mit den damaligen Meßmethoden nicht bestimmbar, anders als im Fall von Kernreaktionen.

Magnetfelder in der Relativitätstheorie

Die Existenz magnetischer Kräfte ist untrennbar mit der Relativitätstheorie verknüpft. Eine isolierte Existenz des coulombschen Gesetzes für elektrische Kräfte wäre nicht mit der Struktur von Raum und Zeit verträglich. So sieht ein Beobachter, der relativ zu einem System statischer elektrischer Ladungen ruht, kein Magnetfeld, anders als ein Beobachter, der sich relativ zu ihm bewegt. Übersetzt man die Beobachtungen des ruhenden Beobachters über eine Lorentz-Transformation in die des Bewegten, so stellt sich heraus, daß dieser neben der elektrischen Kraft eine weitere, magnetische, Kraft wahrnimmt. Die Existenz des Magnetfeldes in diesem Beispiel läßt sich daher auf die Struktur von Raum und Zeit zurückführen. Unter diesem Gesichtspunkt wirkt auch die im Vergleich zum Coulombgesetz komplizierte und auf den ersten Blick wenig plausible Struktur des vergleichbaren Biot-Savartschen Gesetzes für Magnetfelder weniger verwunderlich. Im mathematischen Formalismus der Relativitätstheorie werden das elektrische und das magnetische Feld zu einer Einheit, dem vierdimensionalen elektromagnetischen Feldstärketensor, zusammengefaßt, ganz analog zur Vereinigung von Raum und Zeit zur vierdimensionalen Raumzeit.

Die allgemeine Relativitätstheorie

Gravitation und die Krümmung des Raumes

Die allgemeine Relativitätstheorie führt die Gravitation auf ein geometrisches Phänomen in einer gekrümmten Raumzeit zurück, indem sie feststellt: Energie krümmt die Raumzeit in ihrer Umgebung.

Ein Gegenstand, auf den nur gravitative Kräfte wirken, bewegt sich zwischen zwei Punkten in der Raumzeit stets auf einer sogenannten Geodäte.

Entzieht sich die vierdimensionale Raumzeit der speziellen Relativitätstheorie bereits einer anschaulichen Vorstellbarkeit, so gilt das für eine zusätzlich gekrümmte Raumzeit erst recht. Zur Veranschaulichung kann man jedoch Situationen mit reduzierter Anzahl von Dimensionen betrachten. So entspricht im Fall einer 2-dimensionalen gekrümmten Landschaft eine Geodäte dem Weg, den ein Fahrzeug mit geradeaus fixierter Lenkung nehmen würde. Würden zwei solche Fahrzeuge am Äquator einer Kugel nebeneinander exakt parallel Richtung Norden starten, dann würden sie sich am Nordpol treffen. Ein Beobachter, dem die Kugelgestalt der Erde verborgen bliebe, würde daraus auf eine Anziehungskraft zwischen den beiden Fahrzeugen schließen. Es handelt sich aber um ein rein geometrisches Phänomen. Gravitationskräfte werden daher in der allgemeinen Relativitätstheorie gelegentlich auch als Scheinkräfte bezeichnet.

Da der geodätische Weg durch die Raumzeit von ihrer Geometrie und nicht von der Masse oder sonstigen Eigenschaften des fallenden Körpers abhängt, fallen alle Körper im Gravitationsfeld gleich schnell, wie bereits Galilei feststellte. Dieser Umstand wird in der newtonschen Mechanik durch die Äquivalenz von träger und schwerer Masse beschrieben, die auch der allgemeinen Relativitätstheorie zugrunde liegt.

Die mathematische Struktur der allgemeinen Relativitätstheorie

Während viele Aspekte der speziellen Relativitätstheorie in ihrer einfachsten Formulierung auch mit geringen mathematischen Kenntnissen nachvollziehbar sind, ist die Mathematik der allgemeinen Relativitätstheorie deutlich anspruchsvoller. Die Beschreibung einer krummen Raumzeit erfolgt mit den Methoden der Differentialgeometrie, die die euklidische Geometrie des uns vertrauten flachen Raumes ablöst.

Zur Beschreibung von Krümmung wird zur Anschauung meist ein gekrümmtes Objekt in einen höherdimensionalen Raum eingebettet. Zum Beispiel stellt man sich eine zweidimensionale Kugeloberfläche üblicherweise in einem dreidimensionalen Raum vor. Krümmung kann jedoch ohne die Annahme eines solchen Einbettungsraumes beschrieben werden, was in der allgemeinen Relativitätstheorie auch geschieht. Es ist beispielsweise möglich, Krümmung dadurch zu beschreiben, daß die Winkelsumme von Dreiecken nicht 180° entspricht.

Die Entstehung der Krümmung wird durch die einsteinschen Feldgleichungen beschrieben. Dabei handelt es sich um Differentialgleichungen eines Tensorfeldes mit zehn Komponenten, die nur in speziellen Fällen analytisch, das heißt in Form einer mathematischen Gleichung, lösbar sind. Für komplexe Systeme wird daher üblicherweise mit Näherungsmechanismen gearbeitet.

Uhren im Gravitationsfeld

In der allgemeinen Relativitätstheorie hängt der Gang von Uhren nicht nur von ihrer relativen Geschwindigkeit ab, sondern auch von ihrem Ort im Gravitationsfeld. Eine Uhr auf einem Berg geht schneller als eine im Tal. Dieser Effekt ist zwar im irdischen Gravitationsfeld nur gering, er wird jedoch beim GPS-Navigationssystem zur Vermeidung von Fehlern bei der Positionsbestimmung über eine entsprechende Frequenzkorrektur der Funksignale berücksichtigt.

Kosmologie

Während die spezielle Relativitätstheorie bei Anwesenheit von Massen nur in Gebieten der Raumzeit gilt, die so klein sind, daß die Krümmung vernachlässigt werden kann, kommt die allgemeine Relativitätstheorie ohne diese Einschränkung aus. Sie kann somit auch auf das Universum als Ganzes angewandt werden und spielt daher in der Kosmologie eine zentrale Rolle. So wird die Expansion des Weltalls, die die Astronomen beobachten, durch die friedmannschen Lösungen der einsteinschen Feldgleichungen in Kombination mit einer sogenannten kosmologischen Konstanten angemessen beschrieben. Danach begann diese Expansion mit dem Urknall, der nach den jüngsten Untersuchungen vor 13,7 Milliarden Jahren stattgefunden hat. Er kann auch als der Beginn von Raum und Zeit angesehen werden, bei dem das gesamte Universum auf einem Raumgebiet vom Durchmesser der Planck-Länge konzentriert war.

Schwarze Löcher

Eine weitere Vorhersage der allgemeinen Relativitätstheorie sind Schwarze Löcher. Diese Objekte haben eine so starke Gravitation, daß sie sogar Licht „einfangen“ können, so daß es nicht wieder aus dem schwarzen Loch herauskommen kann. Einstein konnte sich mit diesem Gedanken nicht anfreunden und meinte, es müsse einen Mechanismus geben, der die Entstehung solcher Objekte verhindert. Heutige Beobachtungen legen aber nahe, daß es solche Schwarzen Löcher im Universum tatsächlich gibt, und zwar als Endstadium der Sternentwicklung bei sehr massereichen Sternen und in den Zentren von Galaxien.

Gravitationswellen

Die allgemeine Relativitätstheorie erlaubt die Existenz von Gravitationswellen, lokalen Deformationen der Raumzeit, die sich mit Lichtgeschwindigkeit ausbreiten. Sie sollten bei der Beschleunigung von Massen entstehen. Diese Deformationen sind jedoch dermaßen klein, daß sie sich bis heute einem direkten Nachweis entzogen haben. Eine vergleichsweise nahe Supernovaexplosion im Jahre 1987 sollte Gravitationswellen erzeugt haben, die nachweisbar gewesen wären. Diese Jahrhundertchance wurde jedoch verpaßt, da mangels Absprache sämtliche Gravitationswellendetektoren weltweit in den entscheidenden Sekunden zu Wartungszwecken abgeschaltet waren. Immerhin konnte aus Beobachtungen an Doppelsternsystemen mit Pulsaren die Existenz von Gravitationswellen indirekt bestätigt werden. Russell Hulse und Joseph Taylor erhielten dafür 1993 den Nobelpreis für Physik.

Entstehungsgeschichte

Spezielle Relativitätstheorie

Ausgehend von den Problemen der verschiedenen Äthertheorien des 19. Jahrhunderts und der Maxwellschen Gleichungen setzte eine kontinuierliche Entwicklung mit folgenden Hauptstationen ein:

- dem Michelson-Morley-Experiment (1887), welches keine Relativbewegung zwischen Erde und Äther (Ätherdrift) aufzeigen konnte;
- der Kontraktionshypothese von George FitzGerald (1889) und Hendrik Antoon Lorentz (1892), mit welcher das Michelson-Morley-Experiment erklärt werden sollte;
- der Lorentz-Transformation von Lorentz (1892, 1899) und Joseph Larmor (1897), welche eine Veränderung der Zeitvariablen beinhaltete, und mit der generell die negativen Ätherdriftexperimente erklärt werden sollten;
- dem Relativitätsprinzip (1900, 1904), der Konstanz der Lichtgeschwindigkeit (1898, 1904), und der Relativität der Gleichzeitigkeit (1898, 1900) durch Henri Poincaré, welcher jedoch am Äthergedanken festhielt; sowie dem Erreichen der vollen Kovarianz der elektrodynamischen Grundgleichungen durch Lorentz (1904) und Poincaré (1905) in der lorentzschen Äthertheorie.

Dies kulminierte in der speziellen Relativitätstheorie Albert Einsteins (1905) durch eine durchsichtige Ableitung der gesamten Theorie aus den Postulaten des Relativitätsprinzips und der Konstanz der Lichtgeschwindigkeit, und der endgültigen Überwindung des Ätherbegriffs durch Reformulierung der Begriffe von Raum und Zeit. Die dynamische Betrachtungsweise von Lorentz und Poincaré wurde durch die kinematische Einsteins ersetzt. Schließlich folgte die mathematische Reformulierung der Theorie durch Einbeziehung der Zeit als vierte Dimension durch Hermann Minkowski (1907).

Allgemeine Relativitätstheorie

Während an der Entwicklung der speziellen Relativitätstheorie eine Reihe von Wissenschaftlern beteiligt war – wobei Einsteins Arbeit von 1905 sowohl ein Ende als auch einen Neuanfang darstellte – war die Entwicklung der allgemeinen Relativitätstheorie, was ihre grundlegenden physikalischen Aussagen betraf, praktisch die alleinige Errungenschaft Einsteins.

Diese Entwicklung begann 1907 mit dem Äquivalenzprinzip, wonach träge und schwere Masse äquivalent sind. Daraus leitete er die gravitative Rotverschiebung ab und stellte fest, daß Licht im Gravitationsfeld abgelenkt wird, wobei er die dabei entstehende Verzögerung, die so genannte Shapiro-Verzögerung, bedachte. 1911 führte er mit verfeinerten Methoden diese Grundgedanken weiter. Diesmal vermutete er auch, daß die Lichtablenkung im Gravitationsfeld meßbar ist. Der von ihm zu dieser Zeit vorhergesagte Wert war jedoch noch um einen Faktor 2 zu klein.

Im weiteren Verlauf erkannte Einstein, daß Minkowskis vierdimensionaler Raumzeitformalismus, welchem er bislang skeptisch gegenüberstand, eine sehr wichtige Bedeutung bei der neuen Theorie zukam. Auch wurde ihm nun klar, daß die Mittel der euklidischen Geometrie nicht ausreichten, um seine Arbeit fortsetzen zu können. 1913 konnte er mit der mathematischen Unterstützung Marcel Grossmanns die im 19. Jahrhundert entwickelte nichteuklidische Geometrie in seine Theorie integrieren, ohne jedoch die vollständige Kovarianz, d. h. die Übereinstimmung aller Naturgesetze in den Bezugssystemen, zu erreichen. 1915 waren diese Probleme nach einigen Fehlschlägen überwunden, und Einstein konnte schließlich die korrekten Feldgleichungen der Gravitation ableiten. Nahezu gleichzeitig gelang dies auch David Hilbert. Einstein errechnete den korrekten Wert für die Periheldrehung des Merkurs, und für die Lichtablenkung das Doppelte des 1911 erhaltenen Wertes. 1919 wurde dieser Wert erstmals bestätigt, was den Siegeszug der Theorie in Physikerkreisen und auch in der Öffentlichkeit einleitete.

Danach versuchten sich viele Physiker an der exakten Lösung der Feldgleichungen, was in der Aufstellung diverser kosmologischer Modelle und in Theorien wie die der Schwarzen Löcher mündete.

Weitere geometrische Theorien

Nach der Erklärung der Gravitation als geometrisches Phänomen lag es nahe, auch die anderen damals bekannten Grundkräfte, die elektrische und die magnetische, auf geometrische Effekte zurückzuführen. Theodor Kaluza (1921) und Oskar Klein (1926) nahmen dazu eine zusätzliche in sich geschlossene Dimension des Raumes mit subatomarer Länge an, derart, daß sie uns verborgen bleibt. Sie blieben jedoch mit ihrer Theorie erfolglos. Auch Einstein arbeitete lange vergeblich daran, eine solche einheitliche Feldtheorie zu schaffen.

Nach der Entdeckung weiterer Grundkräfte der Natur erlebten diese sogenannten Kaluza-Klein-Theorien eine Renaissance – allerdings auf der Basis der Quantentheorie. Die heute aussichtsreichste Theorie zur Vereinigung der Relativitätstheorie und der Quantentheorie dieser Art, die Stringtheorie, geht von sechs beziehungsweise sieben verborgenen Dimensionen von der Größe der Planck-Länge und damit von einer zehn- beziehungsweise elfdimensionalen Raumzeit aus.

Experimentelle Bestätigungen

Der erste Erfolg der speziellen Relativitätstheorie war die Auflösung des Widerspruches zwischen dem Ergebnis des Michelson-Morley-Experiments und der Theorie der Elektrodynamik, der überhaupt als Anlaß für ihre Entdeckung angesehen werden kann. Seither hat sich die spezielle Relativitätstheorie in der Interpretation unzähliger Experimente bewährt. Ein überzeugendes Beispiel ist der Nachweis von Myonen in der Höhenstrahlung, die auf Grund ihrer kurzen Lebensdauer nicht die Erdoberfläche erreichen könnten, wenn nicht auf Grund ihrer hohen Geschwindigkeit die Zeit für sie langsamer gehen würde, beziehungsweise sie die Flugstrecke längenkontrahiert erfahren würden.

Hingegen gab es zur Zeit der Veröffentlichung der allgemeinen Relativitätstheorie einen einzigen Hinweis für ihre Richtigkeit, die Periheldrehung des Merkurs. 1919 stellte Arthur Stanley Eddington bei einer Sonnenfinsternis eine Verschiebung der scheinbaren Position der Sterne nahe der Sonne fest und lieferte mit diesem sehr direkten Hinweis auf eine Krümmung des Raums eine weitere Bestätigung der Theorie.

Die Relativitätstheorie hat sich bis heute in der von Einstein vorgegebenen Form gegen alle Alternativen, die insbesondere zu seiner Theorie der Gravitation vorgeschlagen wurden, behaupten können. Die bedeutendste war die Jordan-Brans-Dicke-Theorie, die jedoch aufwendiger war. Ihre Gültigkeit ist bisher nicht widerlegt worden, der Bereich, den der entscheidende Parameter nach heutigem experimentellen Stand einnehmen kann, ist jedoch stark eingeschränkt.

Wahrnehmung in der Öffentlichkeit

Die neue Sichtweise der Relativitätstheorie bezüglich Raum und Zeit erregte nach ihrer Entdeckung auch in der Allgemeinheit Aufsehen. Einstein wurde zur Berühmtheit und die Relativitätstheorie erfuhr ein erhebliches Medienecho. Verkürzt auf den Spruch „alles ist relativ“ wurde sie zuweilen in die Nähe eines philosophischen Relativismus gerückt.

Kritik an der Relativitätstheorie speiste sich aus verschiedenen Quellen, wie Unverständnis, Ablehnung der fortschreitenden Mathematisierung der Physik und teilweise auch Ressentiments gegen Einsteins jüdische Abstammung. Ab den 1920er Jahren versuchten in Deutschland einige wenige offen antisemitische Physiker, namentlich die Nobelpreisträger Philipp Lenard und Johannes Stark, der Relativitätstheorie eine „deutsche Physik“ entgegenzusetzen. Wenige Jahre nach der nationalsozialistischen Machtergreifung ging Stark mit einem Artikel in der SS-Zeitung *Das Schwarze Korps* vom 15. Juli 1937 gegen die im Land verbliebenen Anhänger der Relativitäts- und Quantentheorie in die Offensive. Unter anderem denunzierte er Werner Heisenberg und Max Planck als „weiße Juden“. Heisenberg wandte sich direkt an Himmler und erreichte seine volle Rehabilitierung; nicht zuletzt mit Blick auf die Bedürfnisse der Rüstungsentwicklung blieb die Relativitätstheorie erlaubt.

Auch viele führende Vertreter der hergebrachten klassischen Physik lehnten Einsteins Relativitätstheorie ab, darunter Lorentz und Poincaré selbst und auch Experimentalphysiker wie Michelson.

Physikalische Einführungen und Diskussion, weitere spezielle Quellen

- Max Born: *Die Relativitätstheorie Einsteins*. Bearbeitet von Jürgen Ehlers und Markus Pössel. Springer, Berlin 2003, ISBN 3-540-67904-9.
- Albert Einstein, Leopold Infeld: *Die Evolution der Physik*. Zsolnay, Hamburg 1950, Rowohlt, Reinbek 1987, ISBN 3-499-18342-0.,
- Albert Einstein: *Grundzüge der Relativitätstheorie*. Springer, Berlin 2002, ISBN 3-540-43512-3. (Originaltitel *Meaning of relativity*)
- Jürgen Freund: *Relativitätstheorie für Studienanfänger – ein Lehrbuch*. vdf Hochschulverlag, Zürich 2004, ISBN 3-7281-2993-3.
- Hubert Goenner: *Spezielle Relativitätstheorie und die klassische Feldtheorie*. Elsevier – Spektrum Akademischer Verlag, München 2004, ISBN 3-8274-1434-2.
- Holger Müller, Achim Peters: *Einsteins Theorie auf dem optischen Prüfstand – Spezielle Relativitätstheorie*. In: *Physik in unserer Zeit*. Wiley-VCH, Weinheim 35.2004,2, S.70–75. ISSN 0031-9252
- Wolfgang Nolting: *Grundkurs Theoretische Physik*. Band 4. *Spezielle Relativitätstheorie, Thermodynamik*. Springer, Berlin 2003, ISBN 3-540-42116-5.
- Hans Stephani: *Allgemeine Relativitätstheorie*. Deutscher Verlag der Wissenschaften, Berlin 1991, ISBN 3-326-00083-9.
- Torsten Fließbach: *Allgemeine Relativitätstheorie.* Spektrum Akademischer Verlag, Heidelberg 2006, ISBN 3-8274-1685-X.

Anhang 3

Die Masse-Energie-Äquivalenz

Einsteins Herleitung

Einstein kam 1905 durch das folgende Gedankenexperiment auf den Zusammenhang von Masse und Energie. (22) Ein ähnliches Gedankenexperiment hatte Poincaré 1900 bedacht, aber nicht befriedigend klären können.

Um die folgenden Überlegungen einfach zu halten, benutzen wir als Längeneinheit die Strecke, die Licht in einer Sekunde zurücklegt, und nennen diese Länge eine Sekunde. In solchen Maßeinheiten ist die Lichtgeschwindigkeit eine Sekunde pro Sekunde, $c = 1$.

Aus der Elektrodynamik war bekannt, daß ein Lichtpuls nicht nur Energie *E* besitzt, sondern auch Impuls $\mathbf{p}$ in Richtung des Lichtstrahls. In Maßeinheiten mit *c* = 1 ist der Betrag des Impulses gleich der Energie

$$E = |\mathbf{p}| \,.$$

Wenn nun ein ruhender Körper mit Energie $\mathcal{E}$ und der Masse *m* zwei Photonen mit Energie *E* in entgegengesetzte Richtung ausstrahlt, so vermindert sich wegen der Erhaltung von Energie und Impuls seine Energie um 2*E*, er bleibt aber in Ruhe und sein Impuls ist auch nachher gleich null, weil die Impulse der Photonen entgegengesetzt gleich sind. Fassen wir die beteiligten Energien und Impulse übersichtlich in Spalten zusammen, so lautet die Energie-Impulsbilanz vor und nach dem Abstrahlen der Photonen

$$\begin{aligned} \begin{pmatrix} \text{Energie} \\ \text{Impuls} \end{pmatrix}_{\text{vorher}} &= \begin{pmatrix} \mathcal{E} \\ 0 \end{pmatrix} \\ &= \begin{pmatrix} \text{Energie} \\ \text{Impuls} \end{pmatrix}_{\text{nachher}} \\ &= \begin{pmatrix} \mathcal{E} - 2E \\ 0 \end{pmatrix} + \begin{pmatrix} E \\ E \end{pmatrix} + \begin{pmatrix} E \\ -E \end{pmatrix} . \end{aligned}$$

Aus der Sicht eines in Richtung der Photonen bewegten Beobachters bewegt sich der Körper vor und nach dem Abstrahlen der Photonen mit einer Geschwindigkeit *v*. Vor dem Abstrahlen hat er die Energie

$$\mathcal{E} + \frac{1}{2}mv^2 ,$$

die Summe von Ruheenergie und kinetischer Energie, und einen Impuls $p = mv$, zumindest wenn die Geschwindigkeit v so klein gegen die Lichtgeschwindigkeit ist, daß Newtons Mechanik zutrifft.

Das Photon, das der Beobachter mit dem Körper auf sich zukommen sieht, sieht er blauverschoben mit einer um den Dopplerfaktor $1 + v$ vergrößerten Energie und entsprechend vergrößertem Impuls.

Das Photon in Gegenrichtung ist für ihn rotverschoben und hat eine um den Dopplerfaktor $1 - v$ verminderte Energie und entsprechend verkleinerten Betrag des Impulses. Diese Gleichungen gelten wie Newtons Mechanik für kleine Geschwindigkeiten. Die Energie-Impuls-Bilanz für ein langsam bewegtes Teilchen vor und nach dem Aussenden der Photonen lautet also

$$\begin{pmatrix} \mathcal{E} + \frac{1}{2}mv^2 \\ mv \end{pmatrix} = \begin{pmatrix} \mathcal{E}' + \frac{1}{2}m'v^2 \\ m'v \end{pmatrix} + \begin{pmatrix} (1+v)E \\ (1+v)E \end{pmatrix} + \begin{pmatrix} (1-v)E \\ -(1-v)E \end{pmatrix} .$$

Dabei bezeichnet *m*' die Masse und

$$\mathcal{E}' + \frac{1}{2}m'v^2$$

die Energie des Körpers nach dem Abstrahlen. Die erste Zeile dieser Gleichung, die Energie-Erhaltung, besagt, wenn wir Terme vernachlässigen, die quadratisch in der Geschwindigkeit sind,

$$\mathcal{E}' - \mathcal{E} = -2E ,$$

daß sich die Ruheenergie des Körpers beim Abstrahlen um $2E$ vermindert hat. In der zweiten Zeile besagt Impulserhaltung $mv = m'v + 2vE$, daß sich die Masse ebenso vermindert hat,

$$m' - m = -2E = \mathcal{E}' - \mathcal{E}.$$

Da sich bis auf die einfachheitshalber weggelassenen Faktoren c die Masse so wie die Ruheenergie ändert, ist sie die Ruheenergie

$$E_{\text{Ruhe}} = m\,c^2\,.$$

So schön Einsteins Gedankenexperiment ist, die Folgerung ist nicht zwingend: Kein stabiles Teilchen, kein Elektron, Proton oder Neutron, kann in Ruhe Photonen abstrahlen. Das ist physikalisch nur möglich, wenn man auf das Teilchen die dazu erforderliche Energie und den erforderlichen Impuls überträgt.

Es gibt aber auch einen logischen Einwand. Einsteins Überlegung zeigt nur, daß die *Differenzen* von Masse und Energie bis auf den Faktor c^2 gleich sind. Das wäre auch der Fall, wenn zur Ruheenergie eine für jedes Teilchen charakteristische, von der Masse unabhängige Energie beitrüge,

$$E_{\text{Ruhe}} = m\,c^2 + E_{\text{charakteristisch}}\,.$$

Daß der Zusatzterm (der letzte Term in der vorigen Gleichung) verschwindet, und *wie* die Energie und der Impuls von der Geschwindigkeit abhängen, ergibt sich aus ihrem Transformationsverhalten (siehe Viererimpuls).

Viererimpuls

Als Viererimpuls eines Teilchens bezeichnet man in der relativistischen Physik zusammenfassend seine Erhaltungsgrößen Energie und Impuls in Form eines Vierervektors. In Maßeinheiten, in denen die Lichtgeschwindigkeit den dimensionslosen Wert c = 1 hat, hängen die Energie E und der Impuls $\mathbf{p}$ eines Teilchens der Masse m mit seiner Geschwindigkeit $\mathbf{v}$ durch

$$\begin{pmatrix} E \\ \boldsymbol{p} \end{pmatrix} = \begin{pmatrix} \frac{m}{\sqrt{1-\boldsymbol{v}^2}} \\ \frac{m\,\boldsymbol{v}}{\sqrt{1-\boldsymbol{v}^2}} \end{pmatrix}$$

zusammen. Das Längenquadrat des Viererimpulses ist unabhängig von der Geschwindigkeit gleich dem Quadrat der Masse,

$$E^2 - \boldsymbol{p}^2 = m^2 .$$

Herleitung der Geschwindigkeitsabhängigkeit von Energie und Impuls

Wie die Energie und der Impuls eines Teilchens der Masse *m* von seiner Geschwindigkeit

$$\mathbf{v}\,,\ |\mathbf{v}| < c\,,$$

abhängen, ergibt sich in der Relativitätstheorie daraus, daß Energie und Impuls für jeden Beobachter additive Erhaltungsgrößen sind.

Wir bezeichnen sie zusammenfassend mit p. Wenn einem Teilchen eine additive Erhaltungsgröße p_1 zukommt und einem anderen Teilchen die Erhaltungsgröße p_2, dann kommt dem System beider Teilchen die Erhaltungsgröße $p = p_1 + p_2$ zu.
Auch ein bewegter Beobachter stellt bei beiden Teilchen Erhaltungsgrößen p_1' und p_2' fest, allerdings haben sie nicht unbedingt dieselben, sondern transformierte Werte. Es muß aber gelten, daß die Summe dieser Werte das Transformierte der Summe ist,

$$(p_1 + p_2)' = p_1' + p_2' .$$

Ebenso kommt für alle Zahlen a einem vervielfachten System mit Erhaltungsgröße $a\,p$ für den bewegten Beobachter die vervielfachte Erhaltungsgröße

$$(a\,p)' = a\,p'$$

zu. Das besagt mathematisch, daß die Erhaltungsgrößen, die ein bewegter Beobachter mißt, durch eine lineare Transformation

$$p' = Lp$$

mit den Erhaltungsgrößen des ruhenden Beobachters zusammenhängen.

Die lineare Transformation L ist dadurch eingeschränkt, daß solch eine Gleichung für jedes Paar von Beobachtern gelten muß, wobei die Bezugssysteme der Beobachter durch Lorentztransformationen Λ und Verschiebungen auseinander hervorgehen. Hängen die Bezugssysteme vom ersten und zweiten Beobachter durch Λ_1 und vom zweiten zu einem dritten durch Λ_2 zusammen, dann hängt das Bezugssystem vom ersten mit dem dritten durch $\Lambda_2 \circ \Lambda_1$ zusammen. Genauso müssen sie die zugehörigen Transformationen der Erhaltungsgrößen

$$L(\Lambda_2) \circ L(\Lambda_1) = L(\Lambda_2 \circ \Lambda_1)$$

erfüllen.

Im einfachsten Fall ist $L(\Lambda) = \Lambda$. Da Lorentztransformationen 4×4 -Matrizen sind, betrifft also das einfachste, nichttriviale Transformationsgesetz, bei dem nicht einfach $p' = p$ gilt, vier Erhaltungsgrößen p, die wie die Raumzeitkoordinaten, als Vierervektor, transformieren,

$$p' = \Lambda p\,.$$

Im Vorgriff auf das Ergebnis unserer Betrachtung nennen wir diesen Vierervektor den Viererimpuls. Insbesondere ändert sich ein ruhendes Teilchen nicht bei Drehungen. Daher ändern sich auch nicht diejenigen Komponenten seines Viererimpulses p, die wie ein dreidimensionaler Ortsvektor bei Drehungen in einen gedrehten Vektor übergehen. Der einzige solche Vektor ist aber der Nullvektor. Also hat der Viererimpuls p eines ruhenden Teilchen einen Wert

$$p_{\text{Ruhe}} = \begin{pmatrix} m \\ 0 \\ 0 \\ 0 \end{pmatrix}.$$

Die Bezeichnung *m* ist im Vorgriff auf das spätere Ergebnis gewählt, steht hier aber zunächst für irgend einen Wert.

Für einen entlang der *x*-Achse bewegten Beobachter hat das Teilchen eine Geschwindigkeit *v* und einen Lorentztransformierten Viererimpuls. Wir rechnen einfachheitshalber in Maßsystemen mit *c* = 1.

$$\begin{pmatrix} \frac{m}{\sqrt{1-v^2}} \\ \frac{m\,v}{\sqrt{1-v^2}} \\ 0 \\ 0 \end{pmatrix} = \begin{pmatrix} \frac{1}{\sqrt{1-v^2}} & \frac{v}{\sqrt{1-v^2}} & & \\ \frac{v}{\sqrt{1-v^2}} & \frac{1}{\sqrt{1-v^2}} & & \\ & & 1 & \\ & & & 1 \end{pmatrix} \begin{pmatrix} m \\ 0 \\ 0 \\ 0 \end{pmatrix}$$

Entwickelt man die vier Erhaltungsgrößen nach der Geschwindigkeit

$$\begin{pmatrix} \frac{m}{\sqrt{1-v^2}} \\ \frac{m\,v}{\sqrt{1-v^2}} \\ 0 \\ 0 \end{pmatrix} = \begin{pmatrix} m + \frac{1}{2}\,mv^2 + \dots \\ m\,v + \dots \\ 0 \\ 0 \end{pmatrix}$$

und vergleicht man mit Newtons Mechanik, so enthüllt sich die physikalische Bedeutung der Komponenten des Viererimpulses: Die erste Komponente ist die Energie, die drei Komponenten, die sich bei Drehungen wie ein Ortsvektor ändern, sind der Impuls,

$$p = \begin{pmatrix} \text{Energie} \\ \text{Impuls} \end{pmatrix}.$$

So wie in Newtons Mechanik nennt man den geschwindigkeitsunabhängigen Parameter *m* in der Relation, die den Impuls eines Teilchens als Funktion seiner Geschwindigkeit angibt, die Masse. Sie muß allen Beobachtungen nach positiv sein.

Die Energie ist, wenn wir die konventionellen Faktoren *c* einfügen,

$$E(\boldsymbol{v}) = \frac{m\,c^2}{\sqrt{1-\frac{\boldsymbol{v}^2}{c^2}}}\,.$$

Sie ist nach unten beschränkt und in Ruhe minimal

$$E_{\mathrm{Ruhe}} = m\,c^2\,.$$

Der Impuls ist

$$\boldsymbol{p}(\boldsymbol{v}) = \frac{m\,\boldsymbol{v}}{\sqrt{1-\frac{\boldsymbol{v}^2}{c^2}}}\,.$$

Nicht explizit geschwindigkeitsabhängig hängen Energie und Impuls durch die Energie-Impuls-Beziehung mit der Masse zusammen

$$E^2 - \boldsymbol{p}^2\,c^2 = m^2\,c^4\,.$$

Spaltet man die Masse vom Viererimpuls ab, so verbleibt die Vierergeschwindigkeit u, das ist die Ableitung der Weltlinie, die das Teilchen durchläuft, nach seiner Eigenzeit,

$$p = m\,u\,,\ u = \frac{\mathrm{d}x}{\mathrm{d}\tau} = \begin{pmatrix} \frac{c}{\sqrt{1-\frac{\boldsymbol{v}^2}{c^2}}} \\ \frac{\boldsymbol{v}}{\sqrt{1-\frac{\boldsymbol{v}^2}{c^2}}} \end{pmatrix}.$$

An dieser Stelle wird bzgl. der ersten Gleichung betont, daß *m* im Gegensatz zu den Viervektoren *p* und *u* nur ein skalarer Faktor ist.

Die Vierergeschwindigkeit u ist der normierte Tangentialvektor an die Weltlinie,

$$(u^0)^2 - (\boldsymbol{u})^2 = c^2 .$$

Andere Erhaltungsgrößen, der Drehimpuls und der anfängliche Energieschwerpunkt, transformieren unter einer sechsdimensionalen Darstellung $L(\Lambda)$ der Lorentztransformationen.

Anhang 4

Lorentzkontraktion und Zeitdilatation

Es seien zwei Inertialsysteme gegeben, ein Beobachtersystem S mit den Achsen x, y, und z und ein zum Beobachtersystem bewegtes System S' mit den Achsen x', y' und z', in denen die Koordinatenachsen parallel sind: x || x', y || y' und z || z'. Die Systeme bewegen sich in der x-Richtung mit der Geschwindigkeit v zueinander. Die Raumzeitkoordinaten dieser beiden Systeme stehen über die Lorentztransformationen miteinander in Beziehung.

$$t' = \frac{t - \frac{v}{c^2} \cdot x}{\sqrt{1 - \frac{v^2}{c^2}}}, \quad x' = \frac{x - v \cdot t}{\sqrt{1 - \frac{v^2}{c^2}}}, \quad y = y', \quad z = z'$$

Die Lorentzkontraktion

In den zueinander bewegten Inertialsystemen S und S' seien zwei gleichartige Objekte abgelegt, die in der Bewegungsrichtung eine Längenausdehnung L_0 bzw. L'_0 haben. Diese Ausdehnungen kann man mit den x-Koordinaten ihrer Endpunkte x_2 bzw. x'_2 und ihrer Anfangspunkte x_1 bzw. x'_1 beschreiben:

$$L_0 = x_2 - x_1 \quad \text{und} \quad L'_0 = x'_2 - x'_1$$

Mit unseren irdischen Erfahrungen der uns umgebenden Welt gehen wir stets davon aus, daß dann die Längen L_0 und L'_0 dieselben sind. Dies ist jedoch nicht richtig, weil die Längen dieser Objekte von der Bewegung der Inertialsysteme zueinander und somit von der Vakuumlichtgeschwindigkeit abhängig sind. Diese Abhängigkeit wird mit den Lorentztransformationen beschrieben. Die Koordinaten x'_2 und x'_1 im bewegten System S' für einen Betrachter im ruhenden System S sind somit

$$x'_1 = \frac{x_1 - v \cdot t_1}{\sqrt{1 - \frac{v^2}{c^2}}} \quad \text{und} \quad x'_2 = \frac{x_2 - v \cdot t_2}{\sqrt{1 - \frac{v^2}{c^2}}} \; .$$

Die Lorentzkontraktion erklärt die Längenänderung eines Objektes in der Bewegungsrichtung zweier bewegter Inertialsysteme. Das wurde durch Born und Einstein vorgenommen und wird nachfolgend beschrieben. (21)

Da das Objekt L'_0 aus Sicht von S bewegt ist, muß wegen obigen Zusammenhangs dessen Länge L durch gleichzeitige Bestimmung der Endpunkte ermittelt werden, d. h., man muß in den Transformationsgleichungen $t_1 = t_2$ setzen. Die Länge des Objektes ist in beiden Bezugssystemen die Differenz zwischen Endpunkt und Anfangspunkt:

$$L = x_2 - x_1 \quad bzw. \quad L'_0 = x'_2 - x'_1$$

Dadurch entsteht nach Einsetzen und Überrechnen:

$$L'_0 = \frac{L}{\sqrt{1 - \frac{v^2}{c^2}}} \qquad (1)$$

Die in S gemessene Länge ist demnach kontrahiert:

$$L = L'_0 \cdot \sqrt{1 - \frac{v^2}{c^2}} \qquad (2)$$

Das Relativitätsprinzip, das besagt, daß alle Inertialsysteme gleichwertig sind, also keines bevorzugt ist, führt zu dem Schluß, daß umgekehrt auch in S ruhende Objekte aus Sicht von S' einer Kontraktion unterworfen sein müssen. Die Lorentz-Transformation lautet in diesem Fall:

$$x_1 = \frac{x'_1 + v \cdot t'_1}{\sqrt{1 - \frac{v^2}{c^2}}} \qquad und \qquad x_2 = \frac{x'_2 + v \cdot t_2}{\sqrt{1 - \frac{v^2}{c^2}}}$$

Mit der Gleichzeitigkeitsbedingung $t_1 = t_2$ und durch Setzen von

$$L_0 = x_2 - x_1 \quad bzw. \quad L' = x'_2 - x'_1$$

erhält man tatsächlich:

$$L_0 = \frac{L'}{\sqrt{1 - \frac{v^2}{c^2}}} \qquad (3)$$

Also ergibt sich die in S' gemessene kontrahierte Länge mit:

$$L' = L_0 \cdot \sqrt{1 - \frac{v^2}{c^2}} \qquad (4)$$

Aus (1), (3) erhält man also die Ruhelänge aus der kontrahierten Länge, aus (2), (4) erhält man die kontrahierte Länge aus der Ruhelänge.

Zwei Zahlenbeispiele:

Angenommen das System S' bewege sich gegenüber S mit der Geschwindigkeit v = 270.000 km/s, das sind 90% der Vakuumlichtgeschwindigkeit. Somit ist das Verhältnis v/c = 0,9. Das Objekt habe im bewegten System S' die Länge L_0 = 50 m. Aus (4) erhält man somit

$$L' = L_0 \cdot \sqrt{1 - 0{,}9^2} = L_0 \cdot \sqrt{1 - 0{,}81} = L_0 \cdot 0{,}436 = 21{,}8\,m\,.$$

Das Objekt wird also im Beobachtersystem kürzer festgestellt. Diese Kontraktion nimmt jedoch nur wahrnehmbare Größen an, wenn die relativen Geschwindigkeiten der Bezugssysteme zueinander nahe der Lichtgeschwindigkeit sind.

Führt man diese Rechnung für eine im täglichen Leben vorkommende Geschwindigkeit aus, auch wenn sie recht hoch ist, ist die Kontraktion kaum feststellbar. Angenommen, das obige Objekt bewege sich mit v = 1000 km/h = 277,8 m/s. Das Verhältnis v/c ist in diesem Falle $9{,}26 \cdot 10^{-7}$, und die kontrahierte Länge beträgt

$$\begin{aligned} L' &= L_0 \cdot \sqrt{1 - 9{,}26^2 \cdot 10^{-14}} \\ &= L_0 \cdot \sqrt{0{,}9999999999\ 9914}\ , \\ &= L_0 \cdot 0{,}9999999999\ 9957\ m \end{aligned}$$

das bedeutet, sie ist auch unter Zuhilfenahme extrem feiner Meßgeräte nicht wahrnehmbar.

Die Zeitdilatation

Betrachten wir in den beiden Inertialsystemen ein Zeitintervall Δt mit dem Beginn t_1 und dem Ende t_2. Es ist dann im ruhenden System S und im bewegten System S' entsprechend

$$\Delta t = t_2 - t_1 \qquad und \qquad \Delta t' = t'_2 - t'_1$$

Mit der Transformationsbeziehung der Zeitkoordinate entsteht dadurch

$$\Delta t = \frac{t_2 - \frac{v}{c^2} \cdot x - t_1 + \frac{v}{c^2} \cdot x}{\sqrt{1 - \frac{v^2}{c^2}}} = \frac{\Delta t'}{\sqrt{1 - \frac{v^2}{c^2}}}$$

Das bedeutet, mit zunehmender Geschwindigkeit des bewegten Systems wird die Zeitdifferenz im bewegten System für den ruhenden Beobachter immer größer, eine dort befindliche Uhr läuft immer langsamer.

Auch hier ist wieder ohne Belang, aus welchem System die Beobachtung geführt wird. Der Beobachter im System S' findet in S die gleiche relative Bewegung vor, wie sie der Beobachter in S im System S' vorfindet.

Dennoch ist der Vorgang für das menschliche Denken immer noch schwer vorstellbar. Fehlende praktische Erfahrung erschwert uns sehr stark, die Zeit als relative Größe anzuerkennen, zu verstehen, daß sie nicht gleichartig in allen Bezugssystemen abläuft. Mit der folgenden Darstellung soll deshalb versucht werden, eine höhere Anschaulichkeit für die Zusammenhänge zu erreichen.

Ein Lichtstrahl laufe im bewegten System S' zwischen 2 Spiegeln von unten nach oben und zurück. Dabei verstreicht die Zeit

$$\Delta t' = \frac{2 \cdot h}{c} \qquad (5)$$

Für einen Beobachter im System S durchläuft derselbe Lichtstrahl wegen der Geschwindigkeit v auf den Seiten des Dreiecks die Längen ℓ nach oben und wieder nach unten. Der zurückgelegte Weg des Lichtstrahles ist für den Beobachter im System S also länger, weil ℓ > h ist. Er benötigt also zum Durchlaufen der beiden Dreiecksseiten der Länge ℓ eine größere Zeit. Sie beträgt

$$\Delta t = \frac{2 \cdot l}{c} \qquad (6),$$

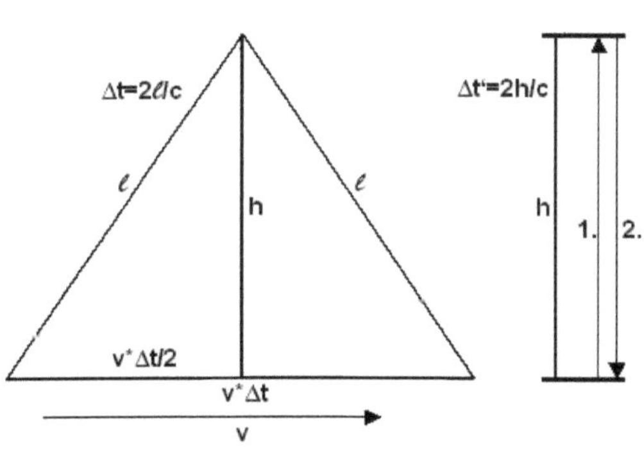

Die Vergrößerung dieser Zeit ist deshalb eine Tatsache, weil sich die Vakuumlichtgeschwindigkeit c nicht ändern kann. Ein Lichtquant bewegt sich immer mit c, mit einer geringeren Geschwindigkeit existiert er nicht. Wegen dieser Konstanz der Lichtgeschwindigkeit gibt es keine andere Schlußfolgerung als die einer Veränderung der Zeit, obwohl es sich um ein und denselben Vorgang handelt, der nur von zwei verschiedenen Beobachtern gesehen wird. Diese für die zwei Beobachter entstehende unterschiedliche Zeit für denselben Vorgang ist defacto bereits der Beweis, daß die Zeit vom Bezugssystem abhängig und somit keine absolute Größe ist. Während sich für den ruhenden Beobachter während des Ablaufens des Vorganges das System S' um den Weg $v \cdot \Delta t$ weiterbewegt, unterliegt der bewegte Beobachter dieser Erscheinung nicht. Es entsteht aus den Strecken ℓ und dem zurückgelegten Weg $v \cdot \Delta t$ ein gleichschenkliges Dreieck, das wir mit der Höhe h halbieren, um ein rechtwinkliges Dreieck zu erhalten. In dem halben Dreieck gilt nach dem Satz des Pythagoras die Beziehung

$$l^2 = h^2 + v^2 \cdot \left(\frac{\Delta t}{2}\right)^2$$

oder

$$l = \sqrt{\left(\frac{v \cdot \Delta t}{2}\right)^2 + h^2} \qquad (7)$$

Setzt man nun (7) in (6) ein, ergibt sich

$$\Delta t = \frac{2 \cdot \sqrt{\left(\frac{v \cdot \Delta t}{2}\right)^2 + h^2}}{c}$$

oder nach Quadrieren

$$c^2 \cdot \Delta t^2 = (v \cdot \Delta t)^2 + (2 \cdot h)^2$$

und weiter

$$\Delta t^2 \cdot \left(c^2 - v^2\right) = 2 \cdot h^2$$

oder

$$\Delta t = \frac{2 \cdot h}{c} \cdot \frac{1}{\sqrt{1 - \frac{v^2}{c^2}}}$$

Wegen (5) ist endlich

$$\boxed{\Delta t = \frac{\Delta t'}{\sqrt{1 - \frac{v^2}{c^2}}}}$$

Das bedeutet, mit zunehmender Geschwindigkeit v läuft im bewegten System S' für einen Beobachter im ruhenden System S die Zeit langsamer ab.

Zwei Zahlenbeispiele:

Angenommen das System S' bewege sich gegenüber S mit der Geschwindigkeit v = 270.000 km/s, das sind 90% der Vakuumlichtgeschwindigkeit. Somit ist das Verhältnis v/c = 0,9. Im bewegten System S' werde ein Zeitintervall von 10 s beobachtet. Der Beobachter im ruhenden System S sieht jedoch für denselben beobachteten Vorgang ein Zeitintervall von

$$\Delta t = \frac{10\,s}{\sqrt{1 - 0{,}9^2}} = \frac{10\,s}{0{,}44} = 22{,}9\,s\,.$$

Die Zeitdilatation nimmt jedoch nur wahrnehmbare Größen an, wenn die relativen Geschwindigkeiten der Bezugssysteme zueinander nahe der Lichtgeschwindigkeit sind.

Führt man diese Rechnung für eine im täglichen Leben vorkommende Geschwindigkeit aus, auch wenn sie recht hoch ist, ist die Zeitdilatation kaum feststellbar. Angenommen, die Systeme S und S' bewegen sich mit v = 1000 km/h = 277,8 m/s. Das Verhältnis v/c ist in diesem Falle $9{,}26 \cdot 10^{-7}$. Die Zeitdilatation für das angenommene Intervall von 10 s ist dann mit herkömmlichen rechentechnischen Mitteln nicht mehr bestimmbar. Der Kehrwert der Wurzel im Nenner ist die Zahl 1,000.000.000.000.43.
Das heißt Δt und $\Delta t'$ unterscheiden sich um weniger als 5 Picosekunden, also etwa um 5 billionstel Sekunden.

Ganz allgemein kann an dieser Stelle die Feststellung getroffen werden, daß die Richtigkeit der Newtonschen Mechanik mit der Relativitätstheorie widerlegt worden ist, denn in ihr werden die Zusammenhänge der Raumzeitkoordinaten mit der Bewegung nicht berücksichtigt. Dennoch kann sie für die Berechnung der Vorgänge in der uns umgebenden Welt auch weiterhin verwendet werden, weil die Unterschiede in den Raumzeitkoordinaten, die durch verschiedene Inertialsysteme entstehen, im nichtfeststellbaren, das heißt im nichtmeßbaren Bereich liegen. In den Geschwindigkeitsbereichen, die in der uns umgebenden Praxis vorkommen können, selbst wenn sie in die Größenordnung der kosmischen Geschwindigkeiten für die Erde gelangen, kann der Lorentzparameter mit sehr hoher Genauigkeit 1 gesetzt werden:

$$\sqrt{1-\frac{v^2}{c^2}}=1\text{, außerdem ist dann auch }\frac{v}{c^2}=0.$$

Mit dieser Gleichsetzung nehmen die zu Beginn des Anhangs 4 niedergeschriebenen Lorentztransformationen die aus der Newtonschen Mechanik bekannten Formen an:

$$t'=t, \quad x'=x-v\cdot t, \quad y'=y, \quad z'=z\,.$$

Das Vorzeichen in der x-Koordinate ist lediglich von der Betrachtungsweise der Bewegungsrichtung abhängig, denn betrachtet man x als das bewegte System, so ist

$$x=x'+v\cdot t\,.$$

Anhang 5

Kommentierte offizielle Beschreibungen des Standardmodells

In der Brockhaus-Enzyklopädie in 24 Bänden, Band 22, S. 703, wird die Entwicklung des Universums wie folgt beschrieben:

„Urknall, Big bang [- 'baeng], Kosmologie: Bez. Für eine frühe Phase der Entwicklung des Weltalls nach einer bestimmten Modellvorstellung (U.-Theorie), die v. a. auf der Beobachtung des Hubble-Effekts, d. h. der Ausdehnung des Weltalls gründet. Wenn man versucht, diese Ausdehnung gedanklich umzukehren, also die Zeit gewissermaßen rückwärts laufen zu lassen, so kommt man unter gewissen Voraussetzungen zu dem Ergebnis, daß das Weltall einmal, vor etwa 15 Mrd. Jahren, auf einen sehr kleinen Raum mit unvorstellbar großen Werten für Temperatur und Dichte beschränkt war.“

Dazu müssen jedoch zwei Fragen beantwortet werden.

1. Nach welchem Gesetz muß man die Rückrechnung vornehmen? Die lineare Extrapolation ist vermutlich nicht zulässig, weil man eine lineare Expansion nicht erwarten darf.
2. Kann man diese Zeit grundsätzlich umkehren? Man setzt ja damit voraus, daß außer einer Expansion keine andere Bewegung stattfinden kann. Das ist jedoch ebenfalls nicht zu erwarten.

Die sachliche Beantwortung dieser beiden Fragen führt zum Schluß, daß die Vorgehensweise insgesamt sehr spekulativ ist und die Urknalltheorie deshalb in ihrem Wesen falsch ist.

„Dieses Alter schwankt je nach dem der Interpretation der Beobachtungsdaten zugrundegelegten Modell zw. etwa 5 und über 20 Mrd. Jahren. Wenn man von einem Modell mit linearer Expansion und von einer Hubble-Konstante von 75 km/(s • Mpc) ausgeht, erhält man als Weltalter die „Hubble-Zeit“ von etwa 13 Mrd. Jahren; bei Annahme einer verzögerten Expansion ergibt sich ein kürzeres, als „Friedmann-Zeit“ bezeichnetes Weltalter. Die heute als Standardmodell akzeptierte U.-Theorie geht von einem Anfangszustand aus, in dem das Weltall gewissermaßen bei unendlich hoher Temperatur und unendlich großer Dichte auf unendlich kleinem Raum konzentriert war (kosmolog. Singularität) und in einem als U. bezeichneten explosionsartigen Vorgang auseinandergetrieben wurde, wobei die Temperatur sehr rasch abnahm."

> Hier wird nun bereits die Anfangsspekulation zum Axiom erhoben. Alle diese Betrachtungen setzen sie als „Tatsache" voraus. Es wird von einem „Weltalter" gesprochen, obwohl völlig unklar ist, ob es überhaupt eines gibt. Der zurückgerechnete Anfangszustand mit *unendlich hoher Temperatur und unendlich großer Dichte auf unendlich kleinem Raum* treibt diese Spekulation auf die Spitze.

„Bei diesem Expansionsprozeß unterscheidet man bestimmte, als Ären bezeichnete Phasen, die v. a. von der jeweils herrschenden Temperatur und damit von der Energie der Strahlung, d. h. der Photonen bestimmt sind. In der nach etwa einer zehntausendstel Sekunde abgeschlossenen Hadronenära, bei Temperaturen oberhalb etwa 10^{12} K, ist aus der Strahlung noch die Paarbildung von Hadronen möglich. Ob zu dieser Zeit noch gleich viel Materie und Antimaterie vorhanden ist, hängt u. a. von Annahmen über die Zerfallseigenschaften der in der Anfangsphase (Weltalter kleiner als 10^{-35} s) mögichen hypothet. überschweren Teilchen (etwa der X-Bosonen) ab. Durch Verletzung der CP-Symmetrie beim Zerfall des K°-Mesons nachgewiesen) könnte die Materie um einen Bruchteil 10^{-9} überwogen haben. Nach anderen Überlegungen könnte dieses Überwiegen aber auch bloß auf einer zufälligen Schwankung beruhen. In der auf die Hadronenära folgenden, nach einer Sekunde abgeschlossenen Leptonenära überwiegt die Zerstrahlung von Hadronen mit ihren Antiteilchen, d. h. die Paarvernichtung von Hadronen. Die dabei entstehenden Gammaquanten werden heute als kosmische Hintergrundstrahlung beobachtet; ihr Vorhandensein gilt als starke Stütze der U.-Theorie. Bei der Paarvernichtung kann sich der Überschuß von 10^{-9} der Baryonen über die Antibaryonen nicht umsetzen; er bildet den heutigen Materieinhalt des Weltalls. Nach der Leptonenära bricht die Strahlungsära an, die etwa 1 Mio. Jahre dauert. In ihr bildet sich der wesentl. Teil des Wasserstoffs, des Deuteriums und des Heliums (Nukleogenese). Die Materie ist noch vollständig ionisiert und dynamisch an das immer noch überwiegende Strahlungsfeld gekoppelt, d. h. undurchsichtig. Erst im Verlauf der weiteren Expansion, nach dem Überwiegen der Dichte des Materiefelds über die des Strahlungsfelds und der Entkopplung beider Felder können sich unter dem Einfluß der Schwerkraft Strukturen wie Galaxien und Sterne bilden."

Diese gesamte Unterteilung in Ären ist gegenstandslos. Mit ihr prescht man völlig übereilt nach vorn, weil alle vorangehenden Behauptungen in keiner Weise belegt sind, ja, nicht einmal belegbar sind, und deshalb für eine solche Gliederung überhaupt keine Voraussetzungen bestehen.

„Die ursprüngl. Form dieses kosmolog. Modells geht auf G. LEMAITRE einerseits und H. A. BETHE und G. GAMOW andererseits zurück. Mit den bislang zur Verfügung stehenden theoret. Grundlagen lassen sich Aussagen nur über Vorgänge machen, die ab 10^{-43} s (Planck-Zeit) nach Einsetzen des U. abgelaufen sind. Um über diese Zeit bis in die „Chaosära“ zurückgehen zu können, müßte man Quanteneffekte der Gravitation berücksichtigen, für die es bislang aber noch keine Theorie gibt.“

Der Urheber der Urknalltheorie ist Abbé George Edouard Lemaitre, ein belgischer Jesuitenpater und Astrophysiker, der schon in seiner Jugend die Absicht verfolgte, die Schöpfungsidee in der Kosmologie unterzubringen. Bethe und Gamow betrieben schon Nachfolgeforschungen mit den Ziel der Stützung Lemaitres Theorie. Aber auch für Aussagen nach der Planck-Zeit (10^{-43} s) wird bedenkenlos davon ausgegangen, daß es die umstrittene Singularität gegeben habe.

Die freie Enzyklopädie Wikipdia stellt das Standardmodell wie folgt dar:

„Die **Kosmologie** (griechisch *κοσμολογία* – hier: die Lehre von der Welt) beschäftigt sich mit dem Ursprung, der Entwicklung und der grundlegenden Struktur des Universums (Kosmos) als Ganzem und ist damit ein Teilgebiet sowohl der Physik, der Astronomie als auch der Philosophie. Ihren Ursprung hat die Kosmologie im mythischen und religiösen Bereich (siehe auch Schöpfung und Eschatologie).

Die physikalische Kosmologie beschreibt das Universum mittels physikalischer Gesetzmäßigkeiten. Dabei ist besonders die heute beobachtete, ungleichmäßige Verteilung der Galaxien und Galaxienhaufen im Nahbereich des sonst räumlich, aber nicht zeitlich homogenen und isotropen, expandierenden Universums zu verstehen. Die signifikante Haufenbildung, mit großen dazwischenliegenden Leerräumen (Voids), führt dazu, daß man von einem „klumpigen“ Universum spricht. Die größte bisher entdeckte Struktur, die Sloan Great Wall, ist ca. 1,37 Mrd. Lichtjahre lang.

Weiterhin muß eine umfassende Kosmologie die insgesamt vorhandene Flachheit (euklidischer Raum), die zeitlich unterschiedlichen Strukturen (Strahlung, Quasare, Galaxien), die Kosmische Hintergrundstrahlung, die als Expansion des Universums gedeutete Rotverschiebung des Lichts, die numerischen Werte der Naturkonstanten und die Häufigkeit der chemischen Elemente im Universum zusammenfassend beschreiben.“

> Die Mehrzahl dieser Kriterien beschreibt die Urknalltheorie unzureichend oder gar nicht, viele der Beschreibungen sind herbeigerechnet, ohne sich auf Sachhintergründe stützen zu können. Spekulative Annahmen, die unbeweisbar sind, werden als Axiome verwendet.

„Der **Urknall** ist nach dem Standardmodell der Kosmologie der Beginn des Universums. Im Rahmen der **Urknalltheorie** wird auch das frühe Universum beschrieben, das heißt, die zeitliche Entwicklung des Universums nach dem Urknall.“

> Der Urknall wird also auch offiziell in keiner Weise hinterfragt. Er wird unbewiesen vorausgesetzt.

„Der Urknall bezeichnet keine Explosion in einem bestehenden Raum, sondern die gemeinsame Entstehung von Materie, Raum und Zeit aus einer ursprünglichen Singularität. Da keine konsistente Theorie der Quantengravitation existiert, gibt es in der heutigen Physik keine allgemein akzeptierte Theorie zum Zustand des Universums zu sehr frühen Zeiten, als seine Dichte der Planck-Dichte entsprach. Daher ist der Begriff „Urknall“ die Bezeichnung eines formalen Punktes, der durch naive Extrapolation erreicht wird.“

> *Frühe Zeiten des Universums* und *ursprüngliche Singularität* sind Begriffe, die suggerieren, daß das Universum entstanden sein muß. Dies ist aber der große Zweifel, denn das Universum scheint nicht entstanden zu sein, sondern ewig zu existieren. *Naive* Extrapolation trifft den Kern der Sache nicht, *realitätsfremde* Extrapolation ist zutreffender, weil die Linearität der Expansion, die still-

schweigend vorausgesetzt wird, mit Sicherheit nicht den Tatsachen entspricht.

„**Materie** ist eine Sammelbezeichnung für alle Beobachtungsgegenstände der Naturwissenschaften, die Ruhemasse besitzen. Raumbereiche, die keine Materie enthalten, bezeichnet man als Vakuum. Elektromagnetische Wellen wie zum Beispiel Licht werden nicht zur Materie gezählt."

> Dieser Materiebegriff ist falsch. Licht ist Strahlung und damit Masse, also Materie. Der Fehler geht von der irrigen Auffassung aus, daß Materie eine Substanz sein müsse, also eine Ruhemasse habe. Strahlung transportiert aber Energie und damit Masse.

„Materie, die in makroskopischen Mengen vorliegt, läßt sich mit Hilfe meßbarer physikalischer Größen quantitativ beschreiben. Sie tritt in verschiedenen Erscheinungsformen oder Aggregatzuständen auf, deren Eigenschaften sich stark voneinander unterscheiden. Materie setzt sich aus Fermionen zusammen, die meist Atome mit einer inneren Struktur aus Atomkern und Elektronenhülle bilden. Das Verhalten mikroskopischer aber auch makroskopischer (siehe hierzu z. B. Supraleitung) Materiemengen kann nur mit Hilfe der Quantenmechanik korrekt beschrieben werden. Die quantenmechanische Beschreibung ist auch erforderlich, um die makroskopischen Eigenschaften von Materie aus ihrer mikroskopischen Struktur abzuleiten."

> Hier geht es nicht um „Materie"mengen, sondern um Massemengen. Indem nur die Fermionen zur Materie gezählt werden, sind von vornherein alle ruhemasselosen Elementarteilchen aus der Materie ausgeklammert. Im übrigen ist die oben dargestellte Fermionen-Definition nicht korrekt.

„Als Begründer der Urknalltheorie gilt der Theologe und Physiker Georges Lemaître, der 1931 für den heißen Anfangszustand des Universums den Begriff „primordiales Atom" oder „Uratom" verwendete. Der Begriff Urknall (engl. *Big Bang*, wörtlich also *großer Knall*) wurde von Sir Fred Hoyle geprägt, der als Kritiker diese Theorie unglaubwürdig erscheinen lassen wollte. Nach Carl Friedrich von

Weizsäcker ist die Vorstellung eines Urknalls der Entstehungsmythos im Zeitalter der Atombombe."

> Wie auch immer, eine „Entstehung" des Universums gibt es nicht. Sie ist nach wie vor die Idee des Jesuitenpaters Lemaitre, der schon in seinem Jugendalter die Physik mit der Schöpfungsidee vereinigen wollte.

„Standardmodell
Das **Standard- oder Urknallmodell der Kosmologie** ist die heute anerkannte kosmologische Theorie, die viele beobachtete Phänomene beschreibt. Darin wird von einem unendlich heißen und dichten Frühzustand des Universums ausgegangen, dem sogenannten Urknall. Es wird vor allem von drei Beobachtungen bestätigt:"

> *Bestätigt* ist ein irreführender Begriff. Stets sehen diese *Bestätigungen* so aus, daß man Werte aus einer willkürlich festgelegten Urknallexistenz herausfiltert, die unter dieser Voraussetzung sein könnten, damit führen natürlich nachfolgende Berechnungen sehr leicht auf diese Existenz zurück. Das ist jedoch kein Beweis.

„Häufigkeit der Elemente: In der primordialen Nukleosynthese (englisch *Big Bang Nucleosynthesis*) kurz nach dem Urknall (10^{-2} s) war das Universum so heiß, daß Materie in Quarks und Gluonen aufgelöst war. Durch die Expansion und Abkühlung des Universums entstanden Protonen und Neutronen. Nach ca. 1 Sekunde verschmolzen aus Protonen und Neutronen die Kerne leichter Elemente (Deuterium, ^{3}He, ^{4}He, ^{7}Li). Dieser Prozeß endete nach etwa 3 Minuten. Es wurden also die relativen Häufigkeiten der Elemente vor der Bildung der ersten Sterne festgelegt.

> Daß es einen solchen Zustand gegeben hat, ist nicht bewiesen und wohl auch kaum beweisbar.

Kosmische Hintergrundstrahlung (engl. cosmic microwave background radiation CMBR): 1946 von George Gamow postuliert, wurde sie 1964 durch Arno Penzias und Robert Woodrow Wilson entdeckt – mit einer mittleren Temperatur von 2,725 Kelvin. Die Hintergrundstrahlung stammt aus der Zeit ca. 300.000 Jahre nach dem Urknall, als das Universum etwa 1/1000 seiner heutigen Größe hatte. Das ist auch der Zeitpunkt, an dem das Weltall transparent wurde; vorher bestand es aus undurchsichtigem ionisiertem Gas. Messungen durch COBE, BALOON, WMAP."

> Beide voranstehenden Absätze sind völlig spekulativ. Das Universum kann nicht 0,01 s oder 3 Minuten „alt" gewesen sein, denn es ist nicht entstanden. Wenn es 1/1000 seiner heutigen Größe gehabt haben soll, müßte vorher geklärt sein, wie groß es denn heute ist. Dies aber wird man nicht feststellen können, weil man auf die Frage, wieviel 1/1000 von unendlich ist, keine Antwort geben kann. Im mathematischen Sinne ist die Antwort *unendlich.*

„**Expansion des Universums**: Edwin Hubble konnte 1929 die Expansion des Weltalls nachweisen, da Galaxien mit wachsender Entfernung eine zunehmende Rotverschiebung in den Spektrallinien zeigen. Proportionalitätsfaktor ist die Hubble-Konstante H, deren Wert bei 71 (± 4) km/s Mpc^{-1} angenommen wird (Stand 2004). H ist eigentlich keine Konstante, sondern verändert sich mit der Zeit – invers proportional zum Alter des Universums. Wir stehen auch nicht im Mittelpunkt der Expansion – der Raum selbst dehnt sich überall gleichmäßig aus (*isotropes Universum*). Durch Zurückrechnen der Expansion kann man das *Alter des Universums* (siehe auch Hubble-Zeit) bestimmen: Ist die Hubble-Konstante korrekt, so liegt es bei etwa 13,7 Milliarden Jahren. Auch aufgrund der bisher von der Sonde WMAP gewonnenen Daten und Supernova-Beobachtungen geht man inzwischen von einem offenen, beschleunigt expandierenden Universum mit einem Alter von 13,7 Mrd. Jahren aus."

> Während die erste Passage noch korrekt ist, verliert sich die Darstellung dann in den schon bekannten Unzulässigkeiten: Es wird gnadenlos linear extrapoliert, ohne auch nur die geringste Kenntnis von den tatsächlichen kosmischen Materiebewegungen zu haben.

„Die einzelnen Phasen der Expansion sind im Artikel Urknall beschrieben. Nach dem Standardmodell der Kosmologie ergibt sich grob folgender Ablauf:

- Planck-Ära; bis 10^{-43} s; alle vier Kräfte noch vereint;
- Inflationäre Phase; endet nach 10^{-33} s bis 10^{-30} s; extreme Expansion um einen Faktor zwischen 10^{30} und 10^{50};

- Quark-Ära; bis 10^{-7} s; es bilden sich Quarks, Leptonen und Photonen; das Ungleichgewicht von Materie und Antimaterie entsteht in der Baryogenese;
- Hadronen-Ära; bis 10^{-4} s; Protonen, Neutronen und deren Antiteilchen entstehen; außerdem Myonen, Elektronen, Positronen, Neutrinos und Photonen;
- Lepton-Ära; bis 10 s; Myonen zerfallen, Elektronen und Positronen zerstrahlen;
- Primordiale Nukleosynthese; bis 3 min; Wasserstoff, Helium, Lithium entstehen;
- Strahlungs-Ära; ca. 300.000 Jahre;
- Materie-Ära; bis heute; Universum wird durchsichtig, Galaxien entstehen.

Wichtige Instrumente zur Erforschung des Universums werden heute von Satelliten und Raumsonden getragen: Das Hubble-Weltraumteleskop, ROSAT, Hipparcos und WMAP."

> Die gesamte Phaseneinteilung ist wegen der obigen Feststellungen völlig wertlos. Es ist die Gliederung eines Vorganges, den es sehr wahrscheinlich nicht gegeben hat. Es wäre schon eine einschneidende Errungenschaft, könnte man 1 Million Jahre zurückrechnen. Für diese Zeitspanne könnten die Expansionsparameter noch einen vertretbaren Wahrheitsgehalt haben. Aber alles, was darüber hinausgeht, liegt außerhalb jeglichen Ermessens.

„Zur Erklärung der beobachteten Expansion und der flachen Geometrie des Universums im Großen wird das Urknallmodell heute ergänzt nach Ideen von Alan Guth, daß es durch eine Symmetriebrechung in der Frühzeit des Universums zu einer sehr starken kurzzeitigen Expansion kam, welche die Gleichförmigkeit des Universums auch am Rand des beobachtbaren Bereiches (Horizont) erklärt.

Die derzeit größte Herausforderung an die kosmologische Theorie stellt heute aber wohl das Missverhältnis zwischen beobachtbarer Materie und deren Verteilung sowie der beobachteten mittleren Ausbreitungsgeschwindigkeit des Universums dar. Die übliche Erklärung macht für die nicht mittels elektromagnetischer Strahlung beobachtbaren Anteile der benötigten Materiedichte Dunkle Masse (ca. 23 %) und Dunkle Energie (ca. 73 %) verantwortlich. Deren genaue Zusammensetzung ist heute aber offen. Es wird jedoch vielfach vermutet, daß es sich dabei um die von Elementarteilchenphysikern unabhängig von der Kosmologie postulierten supersymmetrischen Partner der bereits bekannten Elementarteilchen handelt. Sofern es diese gibt, dürften sie eventuell aufgrund der erwarteten Energieniveaus und der verfügbaren Teilchenbeschleuniger innerhalb der nächsten 5 bis 10 Jahren zweifelsfrei nachgewiesen werden. Alternativ dazu wurde auch eine Veränderung der einsteinschen Gravitationsgleichungen vorgeschlagen."

All das sind lediglich Versuche, das Urknall-Dilemma mit weiteren Unzulänglichkeiten abzumildern. *Dunkle Energie* und *Dunkle Masse* sind dabei die bisher untauglichsten Festlegungen, weil damit Unerklärbares mit Unerklärbarem erklärbar gemacht werden soll. Wissenschaftliche Aussagen haben diese Kategorien jedoch gar keine.

„Steady-State-Theorie
Die *Steady-State-Theorie* (Stationäres Verhalten, z. B. „gleichmäßige Expansion") wurde 1949 durch Fred Hoyle, Thomas Gold und andere als Alternative zur Urknall-Theorie entwickelt. Während der 1950er und bis in die 1960er Jahre wurde diese Theorie von den meisten Kosmologen als mögliche Alternative akzeptiert.

Die 'Steady-State-Theorie' wurde aufgrund von Berechnungen postuliert, die zeigten, daß ein rein *statisches Universum* mit den Annahmen der allgemeinen Relativitätstheorie nicht verträglich wäre. Zudem zeigten Beobachtungen von Edwin Hubble, daß das Universum expandiert. Die Theorie postuliert nun, daß das Universum sein Aussehen nicht ändert, obwohl es größer wird. Dazu muß ständig Materie neu gebildet werden, um die durchschnittliche Dichte gleich zu halten. Da die Menge der neu zu bildenden Materie sehr klein ist (nur einige hundert Wasserstoffatome pro Jahr in der Milchstraße), kann die Neubildung von Materie nicht direkt beobachtet werden. Obwohl diese Theorie den Energieerhaltungssatz verletzt, hatte sie unter anderem die attraktive Eigenschaft, daß das Universum keinen Anfang hat und Fragen nach dem *Vorher* bzw. nach dem *Grund* des Beginns der Expansion überflüssig sind."

Die Eliminierung der Frage nach einem Anfang des Universums wäre ein brauchbarer Ansatz gewesen. Jedoch ist die *Neubildung von Materie* wissenschaftlicher Unfug. Und die Inkaufnahme der Verletzung des Energieerhaltungssatzes kann gewiß nicht aufrechterhalten werden. Deutlich aber weist das Entstehen einer solchen Theorie auf den Bedarf hin, eine Alternative zum Urknalldilemma zu finden.

„Die Schwierigkeiten dieser Theorie begannen in den späten 60er Jahren. Beobachtungen zeigten, daß sich das Universum zeitlich tatsächlich verändert, die Stationaritätsbedingung also explizit verletzt ist: Quasare und Radiogalaxien wurden nur in weit entfernten Galaxien gefunden. Halton Arp interpretierte die vorliegenden Daten seit den 1960er Jahren anders und gab an, daß es Quasare auch im nahe liegenden Virgohaufen gäbe. Der Niedergang der Steady-State-Theorie wurde beschleunigt durch die Entdeckung der kosmischen Hintergrundstrahlung, welche von der Urknall-Theorie vorausgesagt worden war.

Seitdem gilt nicht die *Steady-State-Theorie*, sondern die *Urknalltheorie* bei der Mehrheit der Astronomen als erfolgreiches Standardmodell der Kosmologie. In den meisten Publikationen über Astrophysik wird sie implizit vorausgesetzt."

Hierin liegt das Hauptproblem der heutigen Kosmologie: Die bedingungslose und prüfungslose Verwendung von Scheintatsachen.

„Übersicht
Der Urknall soll den Anfangspunkt der Entstehung von Materie und Raumzeit darstellen. Da physikalische Theorien aber die Existenz von Raum, Zeit und Materie voraussetzen, läßt sich der eigentliche Urknall mit ihnen nicht beschreiben. Nach dem Urknall soll in Phasen die heutige physikalische Welt entstanden sein. Bestandteil der Theorie ist auch eine dauerhafte Ausdehnung des Universums. Diese von Astronomen beobachtete Expansion des Universums hat überhaupt erst zur Theorie des Urknalls geführt: Die beobachtete Auseinanderbewegung der Galaxien ergibt zurückgerechnet einen Zeitpunkt, an dem diese auf ein enges Raumgebiet konzentriert waren. Zum Zeitpunkt des Urknalls ist die Energiedichte formal unendlich, so daß dieser Punkt und eine Zeitspanne von einer Planckzeit danach nicht im Rahmen der existierenden Theorien beschrieben werden kann."

Hier ist das ganze Leid dieser Theorie noch einmal zusammengefaßt. Das Eingeständnis der Unmöglichkeit, den Urknall mit Hilfe der Naturgesetze zu beschreiben, spielt dabei eine zentrale Rolle.

Neben der Expansion kann die Theorie auch das Spektrum der Hintergrundstrahlung des Universums erklären, ebenso die Häufigkeitsverteilung der chemischen Elemente im Weltraum (insbesondere Wasserstoff, Deuterium und die Isotope des Helium), sowie das Fehlen von Sternen, die älter als etwa 13 Milliarden Jahre alt sind: Mit astronomischen Beobachtungen hat man das Alter des Universums – und somit den formalen Zeitpunkt des Urknalls – auf 13,7 Milliarden Jahre eingeschätzt (±0,2 Milliarden Jahre)."

Für alle diese Details ist auch eine Vielzahl anderer Erklärungen möglich, der Urknalltheorie bedarf es dazu nicht.

„Das prinzipiell mögliche Gegenstück des Urknalls, ein Kollaps des Universums, wurde von John Archibald Wheeler als *Big Crunch* bezeichnet. Beobachtungen haben allerdings gezeigt, daß die Massendichte im Universum zu gering sein könnte, als daß sie durch ihre Gravitationswirkung einen derartigen Kollaps herbeiführen könnte. Das Universum wird sich demnach vermutlich unbegrenzt weiter ausdehnen."

Die letzte Schlußfolgerung ist jedoch aus dem Wheelerschen Postulat nicht ableitbar. Das wäre relativ einfach zu verdeutlichen, wenn man andere Bewegungsmodelle der Materie im Universum zuließe.

Im weiteren werden nun die einzelnen Phasen der „Entwicklung" des Universums detailliert beschrieben. Da diese Phasen jedoch wegen der unzulässigen Voraussetzungen grundsätzlich im Zweifel sind, kann die Behandlung des Wikipedia-Textes hier abgebrochen werden.

Literatur und Internetquellen

(1) Appenzeller, Immo: Kosmologie und Teilchenphysik. Spektrum der Wissenschaft, Heidelberg, 1990.
(2) Gebler, Klaus, Als der Urknall Mode war, 2005, ISBN 3-8334-3983-1
(3) Maurer, Harald, Das Prinzip des Seins, 1987, ISBN 3-900800-01-4
(4) Hawking, Stephen, Kurze Geschichte der Zeit, 2001, ISBN 3-499-61340-9
(5) Brockhaus, Lexikon in 26 Bd., Band 10, F.A. Brockhaus-Verlag Mannheim, 1989, ISBN 3-7653-1110-3
(6) Hawking, Stephen u. Mlodinow, Leonard, Der große Entwurf, eine neue Erklärung des Universums, ISBN-13: 978-3498029913
(7) Pohl, Manfred, Wissenschaft, Religion und Politik, 2011, ISBN 978-3-86870-284-2
(8) Zeitschrift National Geographic, Nr. 12/2003
(9) Ambarzumjan, Viktor A., Probleme der modernen Kosmogonie, Birkhäuser Basel u. Stuttgart 1976
(10) Internet, http://www.kreuz.net, 2005
(11) Sinn, Hans-Werner, Das grüne Paradoxon, 2009, ISBN 978-3-430-20062-2
(12) Internet, http://de.wikipedia.org/wiki/Dunkle_Energie
(13) Internet, http://de.wikipedia.org/wiki/Anpassung
(14) Internet, http://www.fam-pape.de/raw/ralph/studium/urknalltheorie/urknall.html
(15) Internet, http://www.fakko.de/school/sonne/solarkonstante_c.htm
(16) Internet, http://de.wikipedia.org/wiki/Singularit%C3%A4t
(17) Internet, http://de.wikipedia.org/wiki/Relativit%C3%A4tstheorie
(18) Internet, http://hauptplatz.unipohl.de/BodyMassIndex.htm
(19) Internet, http://hauptplatz.unipohl.de/Verstrahlung.htm
(20) Internet, http://hauptplatz.unipohl.de/Elektrisches.htm
(21) Internet, http://de.wikipedia.org/wiki/Lorentzkontraktion
(22) Internet, http://de.wikipedia.org/wiki/%C3%84quivalenz_von_Masse_und_Energie
(23) Internet, http://de.wikipedia.org/wiki/Relativit%C3%A4tstheorie
(24) Internet, http://www.efodon.de/html/archiv/wissenschaft/hansen/licht.htm
(25) Internet, http://www.unipohl.de/RSR.htm
(26) Internet, http://de.wikipedia.org/wiki/Materie

Verzeichnis der Bilder